普通高校"十三五"规划教材

# 基于MATLAB/Simulink的通信系统建模与仿真

（第2版）

主　编　张　瑾　周　原
副主编　姚巧鸽　赵　静

程序源代码下载

北京航空航天大学出版社

## 内 容 简 介

本书以 MATLAB R2016a 为平台,通过大量的 MATLAB、Simulink 仿真实例,加深读者对通信系统原理的理解。本书共 9 章,前 8 章主要包括仿真思想的引入、MATLAB 语言及 Simulink 仿真基础、MATLAB 计算和可视化、信号系统分析基础、模拟信号的数字传输、数字信号基带传输、载波调制、数字信号处理应用等内容。第 9 章综合篇,提供了通信系统原理仿真、语音信号处理、计算机视觉这三个方向的 4 个设计项目,供读者在学习前面章节的基础上,对仿真技术加以综合运用。

本书中所举的大量实例有助于读者对通信原理及仿真实践的理解,设计项目也提供了必要的程序框架和参考资料,可作为高等院校通信工程、电子信息技术等专业学生的通信仿真课程教材和参考书。

### 图书在版编目(CIP)数据

基于 MATLAB/Simulink 的通信系统建模与仿真 / 张瑾,周原主编. -- 2 版. -- 北京:北京航空航天大学出版社,2017.9

ISBN 978-7-5124-2489-0

Ⅰ. ①基… Ⅱ. ①张… ②周… Ⅲ. ①自动控制系统—系统仿真—Matlab 软件—高等学校—教材 Ⅳ. ①TP273-39

中国版本图书馆 CIP 数据核字(2017)第 193824 号

版权所有,侵权必究。

**基于 MATLAB/Simulink 的通信系统建模与仿真(第 2 版)**
主　编　张　瑾　周　原
副主编　姚巧鸽　赵　静
责任编辑　王慕冰

\*

**北京航空航天大学出版社出版发行**

北京市海淀区学院路 37 号(邮编 100191)　http://www.buaapress.com.cn
发行部电话:(010)82317024　传真:(010)82328026
读者信箱:goodtextbook@126.com　邮购电话:(010)82316936
北京时代华都印刷有限公司印装　各地书店经销

\*

开本:787 mm×1 092 mm　1/16　印张:14.25　字数:365 千字
2017 年 10 月第 2 版　2022 年 3 月第 4 次印刷　印数:8 001~10 000 册
ISBN 978-7-5124-2489-0　定价:39.00 元

若本书有倒页、脱页、缺页等印装质量问题,请与本社发行部联系调换。联系电话:(010)82317024

# 前　　言

　　MATLAB 是由美国的 MathWorks 公司推出的一种科学计算和工程仿真软件,将高性能的科学计算、结果可视化和编程集中在一个易于操作的环境中。目前,在世界范围内被科研工作者、工程技术人员和院校师生广泛应用。本书通过大量的 MATLAB、Simulink 仿真实例,加深读者对通信系统建模与仿真的理解。

　　全书共 9 章。第 1 章介绍仿真的基本思想以及通信系统仿真的方法等;第 2 章介绍 MATLAB/Simulink 的基本操作、通信系统工具箱等内容;第 3 章介绍运用 MATLAB 进行数值计算的方法,以及二维/三维图形绘制的常用命令等;第 4 章介绍傅里叶变换和随机过程等信号系统分析的基础;第 5 章介绍"抽样—量化—编码"三个步骤;第 6 章介绍基带信号的码型、码间串扰、基带传输的差错率分析;第 7 章介绍 AM、DSB、FM、ASK、FSK、PSK、DPSK、OFDM 调制解调过程的仿真;第 8 章介绍 DSP 工具箱的使用以及运用 DSP 工具箱进行滤波器设计的方法;第 9 章提供通信系统原理仿真、语音信号处理、计算机视觉这三个方向的 4 个设计项目,供读者在学习前面章节的基础上,对仿真技术加以综合运用和实践。前 8 章各内容均通过 MATLAB 函数或 Simulink 模块进行仿真,第 9 章各设计项目也提供了必要的程序框架和参考资料。

　　本书层次分明,浅显易懂,大量的实例有助于读者对通信系统原理及仿真实践的理解。第 2 版在保持第 1 版风格的基础上,对内容和结构进行了优化;对所有 Simulink 模型进行了升级;增加了综合实践项目;删去了每章课后练习,计划重新编写配套上机实践教程;适合高等院校通信工程、电子信息技术等专业学生作为通信仿真课程教材和参考书。

　　参与本书编写工作的教师有:西南交通大学的张瑾,黄淮学院的周原、姚巧鸽,成都大学的赵静。本书在编写过程中得到了北京航空航天大学出版社的帮助和支持,作者在此表示诚挚的感谢! 作者还要感谢家人潘磊、潘若葭、张海明、吴启荣的全力支持,没有家人们的鼓励和担当,书稿不可能按期完成;同时感谢西南交通大学的李永辉、陈林秀、易庆萍、杨乃琪、孟军和黄淮学院的郑来文、陈中显、王单等同事在书稿内容选取、文字校对方面所提供的帮助。

　　本书配备实验教材电子版,仅供订购教材的教师使用,索取邮箱 goodtextbook@126.com,联系电话 010-82317738。本书为读者免费提供程序源代码,以二维码的形式印在扉页及前言后,请扫描二维码下载。读者也可通过网址 http://www.buaapress.com.cn/upload/download/20170920mtsi.zip 或者 http://pan.baidu.com/s/1pLVzmKb 下载该源代码。

　　本书在 MATLAB 中文论坛设有专门的在线交流版块,相关链接如下:
　　"读者-作者"交流版块:https://www.ilovematlab.cn/forum-261-1.html
　　源程序下载地址:https://www.ilovematlab.cn/thread-524145-1-1.html
　　勘误地址:https://www.ilovematlab.cn/thread-524127-1-1.html

由于作者水平有限,加之时间仓促,书中错漏之处在所难免,恳请广大读者批评指正。作者联系方式:zhangjin_em@hotmail.com。

编 者

2017 年 5 月

程序源代码下载

本书所有程序的源代码可通过 QQ 浏览器扫描二维码免费下载。读者也可以通过以下网址下载全部资料:http://www.buaapress.com.cn/upload/download/20170920mtsi.zip 或者 http://pan.baidu.com/s/1pLVzmKb。若有与配套资料下载或本书相关的其他问题,请咨询北京航空航天大学出版社理工图书分社,电话(010)82317036,邮箱:goodtextbook@126.com。

# 目　　录

**第1章　仿真思想的引入** ··································································· 1
　1.1　仿真的定义和分类 ······························································· 1
　　　1.1.1　仿真的定义 ································································ 1
　　　1.1.2　仿真的分类 ································································ 1
　　　1.1.3　仿真技术的发展与应用 ·················································· 2
　1.2　通信系统仿真 ····································································· 4
　　　1.2.1　通信系统 ···································································· 4
　　　1.2.2　通信系统模型 ······························································ 4
　　　1.2.3　通信系统仿真的概念和意义 ············································· 5
　　　1.2.4　通信系统仿真的一般流程 ················································ 6
　1.3　通信系统仿真方法和仿真工具 ················································ 6
　　　1.3.1　通信系统仿真方法 ························································ 6
　　　1.3.2　通信系统仿真工具 ························································ 7

**第2章　MATLAB 语言及 Simulink 仿真基础** ·································· 8
　2.1　MATLAB 概述 ··································································· 8
　　　2.1.1　MATLAB 家族 ····························································· 8
　　　2.1.2　MATLAB 发展及特点 ·················································· 11
　　　2.1.3　MATLAB R2016b 界面环境 ··········································· 12
　2.2　MATLAB 基本语法和基本操作 ·············································· 15
　　　2.2.1　变量赋值 ··································································· 15
　　　2.2.2　矩阵运算 ··································································· 16
　　　2.2.3　程序控制语句 ······························································ 18
　　　2.2.4　基本绘图方法 ······························································ 21
　2.3　Simulink 简介 ··································································· 24
　　　2.3.1　Simulink 家族及主要功能 ·············································· 24
　　　2.3.2　Simulink 基本模块库 ···················································· 27
　　　2.3.3　Simulink 建模仿真的操作过程 ········································ 29
　2.4　MATLAB/Simulink 在通信仿真中的应用 ································· 31

**第3章　MATLAB 计算和可视化** ················································· 34
　3.1　符号计算基础 ···································································· 34
　3.2　矩阵及线性代数方程组的求解 ················································ 35
　　　3.2.1　符号矩阵的创建 ··························································· 36
　　　3.2.2　符号矩阵的运算 ··························································· 36
　　　3.2.3　代数方程组的求解 ························································ 37

3.3 函数的极限及微积分运算 ······ 38
   3.3.1 函数求极限 ······ 38
   3.3.2 微分与 Jacobian 矩阵 ······ 39
   3.3.3 积分运算 ······ 40
   3.3.4 微分方程(组)的求解 ······ 41
3.4 用 MATLAB 绘制二维图形 ······ 42
   3.4.1 MATLAB 图形绘制的基本步骤 ······ 42
   3.4.2 MATLAB 基本绘图命令 ······ 43
   3.4.3 二维图形的创建及曲线颜色、线型、数据点型设置 ······ 44
   3.4.4 二维图形的标注 ······ 46
   3.4.5 几种特殊二维图形的绘制 ······ 48
3.5 三维图形的绘制 ······ 54
   3.5.1 三维图形的基本绘制方法 ······ 54
   3.5.2 典型三维图形的绘制 ······ 56

# 第 4 章 信号系统分析基础 ······ 60
4.1 概述 ······ 60
4.2 傅里叶变换的主要性质及傅里叶变换对 ······ 63
   4.2.1 周期信号的傅里叶级数 ······ 63
   4.2.2 傅里叶变换及其性质 ······ 66
4.3 功率和能量 ······ 74
4.4 随机变量的产生 ······ 75
4.5 高斯过程 ······ 79
4.6 随机过程和白噪声的功率谱 ······ 82
   4.6.1 随机过程的能量和功率谱密度 ······ 82
   4.6.2 白噪声功率谱密度和二进制随机数序列 ······ 85
4.7 随机过程的线性滤波 ······ 88

# 第 5 章 模拟信号的数字传输 ······ 94
5.1 概述 ······ 94
5.2 抽样定理 ······ 96
   5.2.1 低通抽样定理 ······ 96
   5.2.2 带通抽样定理 ······ 100
5.3 量化 ······ 101
   5.3.1 标量量化 ······ 101
   5.3.2 均匀量化 ······ 105
   5.3.3 非均匀量化 ······ 106
5.4 PCM 编码 ······ 113
5.5 DPCM ······ 115

# 第 6 章 数字信号基带传输 ······ 117
6.1 数字基带信号的码型 ······ 117

## 6.2 码型的功率谱分布 ························· 124
### 6.2.1 理论分析 ····························· 124
### 6.2.2 MATLAB 程序实现 ···················· 125
## 6.3 码间串扰 ································· 128
### 6.3.1 基带传输系统模型及码间串扰的定义 ········ 128
### 6.3.2 无码间串扰的传输条件 ···················· 129
### 6.3.3 降低码间串扰的脉冲波形 ················· 130
### 6.3.4 眼 图 ·································· 132
## 6.4 基带传输的差错率分析 ······················ 137
### 6.4.1 分析模型 ······························ 138
### 6.4.2 MATLAB 提供的分析工具 ················ 138
### 6.4.3 分析举例 ······························ 139

# 第 7 章 载波调制 ································· 143
## 7.1 模拟调制 ·································· 143
### 7.1.1 标准 AM 调制 ·························· 143
### 7.1.2 DSB 调制 ······························ 146
### 7.1.3 频率调制 FM ·························· 148
## 7.2 幅移键控 ASK ······························ 150
### 7.2.1 调制原理介绍 ·························· 150
### 7.2.2 调制举例 ······························ 150
## 7.3 频移键控 FSK ······························ 152
### 7.3.1 原理介绍 ······························ 152
### 7.3.2 调制举例 ······························ 152
### 7.3.3 解调与检测 ···························· 154
## 7.4 相移键控 PSK 和 DPSK ······················ 163
### 7.4.1 PSK 调制原理介绍 ······················ 163
### 7.4.2 PSK 调制举例 ·························· 164
### 7.4.3 PSK 解调与检测 ························ 167
### 7.4.4 DPSK 调制与解调 ······················ 175
## 7.5 多载波调制与 OFDM ······················· 180
### 7.5.1 OFDM 的基本原理 ····················· 180
### 7.5.2 OFDM 的实现 ························· 181

# 第 8 章 数字信号处理应用 ························ 186
## 8.1 DSP 系统工具箱简介 ························ 186
### 8.1.1 信号源模块组 ·························· 187
### 8.1.2 滤波器模块组 ·························· 187
### 8.1.3 数学函数模块组 ························ 188
### 8.1.4 量化器模块组 ·························· 189
### 8.1.5 信号运算模块组 ························ 189

| 8.1.6 | 信号管理模块组 | 190 |
| 8.1.7 | 信号变换模块组 | 191 |
| 8.1.8 | 统计模块组 | 191 |
| 8.1.9 | 信宿模块组 | 192 |

8.2 模型的建立 193
8.3 信号的滤波 195
    8.3.1 使用 fdesign 设计滤波器 195
    8.3.2 使用 Filter Builder 设计滤波器 198
    8.3.3 设计一个低通滤波器 198
    8.3.4 设计一个自适应滤波器 201

# 第9章 综合篇 207
9.1 模拟信号的数字化过程设计项目 207
9.2 电话按键拨号器的仿真设计项目 210
9.3 语音识别系统设计项目 213
9.4 自动人脸识别系统设计项目 215

参考文献 217

# 第 1 章 仿真思想的引入

## 1.1 仿真的定义和分类

### 1.1.1 仿真的定义

仿真是以数学理论、相似原理、信息技术、计算技术、系统技术及其应用领域有关的专业技术为基础,以计算机和各种物理效应设备为工具,利用系统模型对实际的或设想的系统进行试验研究的一门综合性技术。1966 年,雷诺(T. H. Naylor)对仿真做了如下定义:"仿真是在数字计算机上进行试验的数字化技术,它包括数字与逻辑模型的某些模式,这些模型描述某一事件或经济系统(或者它们的某些部分)在若干周期内的特征。"从定义中可以看出,要进行仿真试验,系统和系统模型是两个主要因素。同时由于对复杂系统的模型处理和模型求解离不开高性能的信息处理装置,而现代化的计算机又责无旁贷地充当了这一角色,因此仿真应该包括三个基本要素:系统、系统模型、计算机及其相关软件。联系这三项要素的基本活动则是模型建立、仿真模型建立和仿真试验。

### 1.1.2 仿真的分类

依据不同的分类标准,可将系统仿真进行不同的分类。例如:

(1) 根据被研究系统的特征可分为两大类,即连续系统仿真和离散事件系统仿真。连续系统仿真是指对那些系统状态量随时间连续变化的系统的仿真研究,包括数据采集与处理系统的仿真。这类系统的数学模型包括连续模型、离散时间模型以及连续-离散混合模型。离散事件系统仿真则是指对那些系统状态只在一些时间点上由于某种随机事件的驱动而发生变化的系统进行仿真试验。这类系统的状态量是由于事件的驱动而发生变化的,在两个事件之间状态量保持不变,因而是离散变化的,称之为离散事件系统。这类系统的数学模型通常用流程图或网络图来描述。

(2) 按仿真实验中所取的时间标尺 $\tau$(模型时间)与自然时间(原型)时间标尺 $T$ 之间的比例关系,可将仿真分为实时仿真和非实时仿真两大类。若 $\tau/T=1$,则称为实时仿真;否则称为非实时仿真。非实时仿真又分为超实时($\tau/T>1$)和亚实时($\tau/T<1$)两种。

(3) 按照参与仿真的模型的种类不同,将系统仿真分为物理仿真、数学仿真及物理-数学仿真(又称半物理仿真或半实物仿真)。物理仿真,又称物理效应仿真,是指按照实际系统的物理性质构造系统的物理模型,并在物理模型上进行试验研究。物理仿真直观形象,逼真度高,但不如数学仿真方便;尽管不必采用昂贵的原型系统,但在某些情况下构造一套物理模型也需花费较大的投资,且周期也较长,此外在物理模型上进行试验不易修改系统的结构和参数。

数学仿真是指首先建立系统的数学模型,并将数学模型转化成仿真计算模型,通过仿真模型的运行达到对系统运行的目的。现代数学仿真由仿真系统的软件/硬件环境、动画与图形显示、输入/输出等设备组成。数学仿真在系统分析与设计阶段是十分重要的,通过它可以检验理论设计的正确性与合理性。数学仿真具有经济性、灵活性和仿真模型通用性等特点,今后随着并行处理技术、集成化软件技术、图形技术、人工智能技术、先进的交互式建模和仿真软硬件技术的发展,数学仿真必将获得飞速发展。

物理-数学仿真,又称为半实物仿真,准确的称谓是硬件(实物)在回路中(Hardware in the Loop)的仿真。这种仿真将系统的一部分以数学模型描述,并把它转化为仿真计算模型;另一部分以实物(或物理模型)方式引入仿真回路。半实物仿真有以下几个特点:

(1) 原系统中的若干子系统或部件很难建立准确的数学模型,再加上各种难以实现的非线性因素和随机因素的影响,使得进行纯数学仿真十分困难或难以取得理想效果。在半实物仿真中,可将不易建模的部分以实物代替参与仿真试验,从而避免建模的困难。

(2) 利用半实物仿真可以进一步检验系统数学模型的正确性和数学仿真结果的准确性。

(3) 利用半实物仿真可以检验构成真实系统的某些实物部件乃至整个系统的性能指标及可靠性,准确地调整系统参数和控制规律。在航空航天、武器系统等研究领域,半实物仿真是不可缺少的重要手段。

### 1.1.3 仿真技术的发展与应用

目前,仿真系统已在向标准化、层次化、网络化、协同化和网格化等方面发展,由此带来的仿真系统重用和可配置管理方面的好处,将会有效地降低仿真应用开发的成本,更加有利于仿真向更广阔的应用领域的扩展。

**1. 仿真系统标准化**

自 20 世纪 90 年代开始的分布交互仿真标准制定工作,主要完成了 IEEE 1278 系列标准,包括对体系结构、仿真应用交互协议数据单元(PDU)和编码、网络要求、仿真工程管理、校核验证与验收、精度描述等几个方面的定义,该系列标准大大方便了异构的仿真系统互联构造大规模分布交互仿真系统工作。与分布交互仿真标准(IEEE 1278)同时发展的聚合级仿真协议(ALSP),定义了聚合级仿真应用之间互联进行大规模作战仿真的所应遵循的体系结构、事件调度、交互协议等方面的要求。在分布交互仿真标准和聚合级仿真协议的基础上,结合其他分布式仿真的经验,美国国防部 1995 年公布了向高层体系结构(HLA)转变的计划。HLA 标准化工作包括 HLA 的基本规则的定义、对象模型模板的格式和信息接口的规定,IEEE 于 2000 年 9 月通过了关于 HLA 的 IEEE 1516 系列标准,使其成为工业标准。仿真标准化工作将起到推动全球仿真技术共同发展的作用。

**2. 仿真系统层次化**

仿真系统的体系结构层次化是随着仿真应用复杂化而出现并发展的。这同一般的软件系统发展的规律是一致的。仿真系统体系结构的层次化有利于仿真设计和开发工作,同时大大提高了仿真系统开放性、扩展性和可管理性。一般地,仿真系统体系结构包括以下四个基本的层次:

① 资源层。它提供仿真应用所需的各种标准化数据,如地理数据、环境数据、气象数据等方面的参数,还应当包括仿真应用管理所需的各类信息。

② 支撑环境层。包括建模支撑环境和运行支撑环境。作为仿真应用的"操作系统",它可以提供仿真应用过程中所需的各种接口和标准处理流程的调用,运行支撑环境的典型代表是 HLA 中的 RTI。

③ 仿真模型层。包括完成仿真应用所需的各种仿真模型设计及其实现。仿真模型的互操作应在这个层次中加以定义,在 HLA 中,仿真模型层中的工作应包括按照 OMT 的要求联邦对象模型(FOM)和仿真对象模型(SOM)。

④ 分析评估层。对仿真的过程和结果加以分析评估已经成为仿真系统内含的重要功能,因此在仿真系统体系结构中应当包括分析评估层,提供对仿真过程的监控和仿真结果的评估等高层次任务的支持。

**3. 仿真系统网络化**

计算机通信网络成为信息化社会重要的基础,同样成为未来仿真系统重要的底层基础。美国国防部 20 世纪就已经建立的仿真互联网已经成为连接美国国内和海外军事基地重要仿真资源的基础设施,利用互联网提供的广阔的互联性,可以大大降低仿真应用之间进行互操作的成本,加快仿真开发和应用的速度。网络对仿真系统的影响不仅仅体现在体系结构的变化上,还反映在开发方式的变化上,比如网络使异地的开发团队共同开发仿真系统成为可能。

**4. 仿真系统协同化**

人-机协同一直是仿真系统关注的重要问题之一,分布交互仿真系统的发展更是扩大了这个问题研究的领域。协同化已经成为新一代仿真系统重要的特征,协同化问题既包括异地参与仿真的人员和设备在虚拟的、网络化的仿真环境中,通过互相配合完成必要的任务,又包括仿真系统整个生命周期的开发工作中所需的各类人员的协同工作。

**5. 仿真系统网格化**

所谓"网格化",是指在当前日益发达的网格传输基础设施的基础上建立信息处理基础设施,将分散在网络上的各种设备和各种信息以合理的方式"粘合"起来,形成高度集成的有机整体,向普通用户提供强大的计算能力、存储能力、设备访问能力及前所未有的信息融合和共享能力。基于网格的仿真可以充分利用网格提供的计算能力、存储能力、资源调度能力,大大提高仿真系统的可用性。

未来,仿真技术的应用领域将更加宽广,并向更深入的层次发展,与人们日常生活将更加紧密地结合,具体表现在以下几个方面。

(1) 仿真支撑平台和工具将快速发展

它表现出以下特点:

① 仿真支撑平台和工具已经从基于通用程序语言开发的阶段进入到了基于专门的仿真开发支撑工具和支撑平台开发的阶段;

② 仿真计算机的速度越来越快;

③ 为网络化仿真提供支撑的通用性商用软件日趋成熟;

④ 各种辅助设计、开发和测试工具越来越多地支持仿真的功能;

⑤ 对通用的仿真工具软件研究的投资越来越大,仿真支撑平台和工具的飞速发展将大大地推动仿真应用开发速度的提高,有利于降低仿真应用开发的成本。

(2) 仿真应用的新领域层出不穷

仿真应用的传统领域包括航空工业、航天工业及核工业等;近些年来,仿真应用出现了许多新的领域,如医学研究、交通运输业、市场研究、农业作物栽培、战略管理研究等。各行各业人们应用仿真技术的自觉性日益提高,不但技术人员重视仿真的作用,而且管理者也日渐认同仿真技术在系统研究中的重要作用,将仿真研究结果作为其进行决策的重要参考。

(3) 复杂系统科学更加依赖仿真技术的进步

现代科学的许多研究对象已经越来越多地涉及一些非常复杂的系统,这些系统由于各种原因,根本无法用传统的方法对它进行实验。例如,遥远的星系中旋转着的巨大的气体云,无法用实际的实验来检验其形成原因;又如,假设排放到大气中的二氧化碳的总量是当前的2倍,这将给今后50年的全球平均温度带来什么样的影响?没有人能对它进行一次真实的实验。再如,假如有人提出要通过提高利率,如在很短的时间内上升500个基点,以检验关于货币和股票价格波动的某个新理论,可以肯定,任何一个国家的金融机构都不会同意。这种系统的运作对人们的日常生活太重要了,任何人都不敢贸然做这类实验。因此,仿真成为研究这些现象、假设或猜想的唯一手段。构造复杂系统模型将是数学模型和仿真技术研究人员共同努力的方向,这对提高未来科学研究和重大决策的客观性和正确性将有重要的帮助。

(4) 仿真将向人们的日常生活渗透

仿真技术和网络技术、虚拟环境技术不断融合和相互促进,将是仿真技术最终走出实验室,走进人们的生活,成为人们工作、生活、娱乐中不可缺少的一部分。仿真系统和软件的需求将迅速增长。Web技术、VRML、XML、网格计算等先进技术将在仿真设计开发中得到广泛的应用,人们可以利用具有友好的人机界面仿真应用来进行工作、学习或游戏。仿真技术将使人们工作和学习的方式发生重大变革,使新知识和新技术学习的难度大大降低,将有力地促进科学技术水平的提高。

## 1.2 通信系统仿真

### 1.2.1 通信系统

通信系统是指用来完成信息传输过程所需要的一切电子设备和传输媒质的总和。现代通信系统主要借助电磁波在自由空间的传播或在传输媒质中的传输机理来实现,前者称为无线通信系统,后者称为有线通信系统。当电磁波的波长达到光波范围时,这样的通信系统称为光通信系统,其他电磁波范围的通信系统则称为电通信系统,简称为电信系统。由于光的传输媒质通常采用特制的玻璃纤维,因此有线光通信系统又称光纤通信系统。一般电磁波的传输媒质是导线,按其具体结构可分为电缆通信系统和明线通信系统;无线电信系统按其电磁波的波长则有微波通信系统与短波通信系统之分;按照通信业务的不同,通信系统又可分为电话通信系统、数据通信系统、传真通信系统和图像通信系统等。由于人们对通信的容量要求越来越高,对通信的业务要求越来越多样化,所以通信系统正迅速向着宽带化方向发展。

### 1.2.2 通信系统模型

一个点对点的通信系统的模型可由图1-1表示。信息源(简称信源)的作用把各种消息转换成原始电信号,根据信源所产生信号的性质不同,可分为模拟信源(如麦克风和摄像机等)

和离散信源(如电传机和计算机等);发送设备的作用是将信源和传输媒质匹配起来,即将信源产生的消息信号变换为有利于传送的信号形式送往传输媒质,这种变换包括常见的调制、多路复用、差错控制编码等;信道是将来自发送设备的信号传送到接收端的物理媒质,可以分为有线信道和无线信道两大类;噪声源则集中表示分布于通信系统中各处的噪声;接收设备的作用是从受到减损的接收信号中正确恢复出原始电信号;受信者(信宿)的作用是把原始电信号还原成相应的消息,如扬声器等。

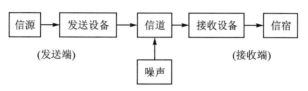

图1-1 点对点通信系统的一般模型

对于一个实际的点对点的通信系统来说,可以通过图1-2所示的示意图来了解其中的一些实际设备和传输媒质,图(a)为典型的有线通信系统——有线电话,图(b)为典型的无线通信系统——无线广播。

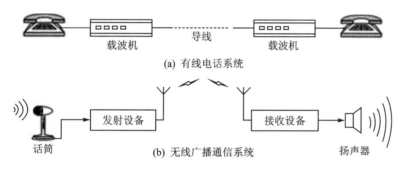

图1-2 典型的有线通信系统和无线通信系统示意图

## 1.2.3 通信系统仿真的概念和意义

通信系统的仿真是指根据实际通信系统的结构和运行原理建立相应的数学描述,并对其参数和性能进行计算机模拟。通信系统的数学描述一般也称为通信系统的仿真模型,用计算机软件或语言重新表达的模型称为通信系统的计算机仿真模型。计算机仿真是衡量系统性能的工具,它通过构建模型运行结果来分析实物系统的性能,从而为新系统的建立或原系统的改造提供可靠的参考。随着数字通信技术的发展,特别是与计算机的相互融合,通信系统和信号处理技术变得越来越复杂。强大的计算机辅助分析与设计工具和系统仿真方法,作为将新的技术理论成果转换为实际产品的高效而低成本途径越来越受到业界的青睐。利用系统建模和软件仿真技术,几乎可以对所有的设计细节进行分层次的建模和评估;通过仿真技术和方法,可以有效地将数学分析模型和经验模型结合起来,并将已有的系统测试结果和经验应用到新系统的分析和设计中;利用系统仿真方法,可以迅速构建一个通信系统模型,为通信和信号处理系统的设计和分析提供一个便捷、高效和精确的评估平台。总之,通过仿真,可以降低新系统失败的可能性,消除系统中潜在的瓶颈,优化系统的整体性能。因此,仿真是通信系统研究和工程建设中不可缺少的环节。

## 1.2.4 通信系统仿真的一般流程

通信系统的仿真一般可遵循以下流程:
① 建立通信系统的数学模型或仿真模型。
② 建立通信系统的计算机仿真模型。编写计算机程序(层次化的建模和编程),包括计算程序,或者可视化编程的方框图、信号流图等,这些程序和框图通常是层次化的,由主程序和相应的子程序(函数)构成,如果是可视化框图,那么通常在主系统框图下,链接着许多子系统框图和功能模块。
③ 执行仿真。在仿真执行阶段,仿真程序将产生信号,并处理和存储这些信号。在仿真结束阶段,仿真程序负责根据仿真产生的结果数据进行统计分析,以便对系统性能作出评估。最后,仿真程序还要调用后处理程序进行进一步的数据分析、处理,并通过数据或图表的形式将结果显示出来。
④ 对仿真模型和仿真结果的检验。通常的验证方法是证伪,而不是证实。例如,对于同一个仿真问题,可以首先建立多个独立的、以不同方式编程的计算机仿真模型,然后通过检验这些模型的仿真运行结果在误差许可的范围内是否一致来判断建模和编程中是否存在错误。

## 1.3 通信系统仿真方法和仿真工具

### 1.3.1 通信系统仿真方法

从本质上讲,仿真方法论是很难系统化的,仿真具有艺术性和科学性两方面的技巧。但除最简单的情况外,一般仿真问题都要涉及以下基本步骤:
① 将给定问题映射为仿真模型;
② 把整个问题分解为一组子问题;
③ 选择一套合适的建模、仿真和估计方法,并将其用于解决这些子问题;
④ 综合各子问题的解决结果以提供对整个问题的解决方案。

对整个通信系统的仿真是一个复杂的问题,往往需要把问题进行分层,不同层次的仿真,其方法和目的不同。一般可以把仿真分成四个层次,即系统级仿真、子系统级仿真、元件级仿真和电路级仿真。越高层次的仿真,抽象越多,涉及的模型细节越少;越低层次的仿真,离实际硬件越近,涉及的硬件细节和参数越多。对于电路级仿真,人们更多地使用硬件原型来进行验证和测试,在通信系统的波形级仿真中,很少涉及这一层次。具体的仿真方法一般可分成以下几类。

**1. 基于动态系统模型的状态方程求解方法**

动态系统建模,就是根据研究对象的物理模型找出相应的状态方程的过程。对动态系统的仿真,就是利用计算机来对所得出的状态方程进行数值求解的过程。如果已知当前系统的状态,由状态方程将给出未来所有时刻上的系统状态值和输出信号值。在计算机数值求解中,我们只能以一个微小的时间间隔 $\Delta$ 来近似表示当前时刻与下一时刻之间的无穷小时间差 $dt$,所以数值求解(实质上就是微分方程的数值求解)总是近似的。我们将这个微小的时间间隔 $\Delta$ 称为求解的步长。微分方程的求解算法可以划分为两大类:变步长算法和固定步长算法。对

于离散时间系统,状态方程以一组差分方程的形式给出。当给定当前离散时刻 $k$ 处的状态向量值 $s(k)$ 以及当前输入的时间离散信号取值 $x(k)$ 时,由差分方程组就确定了当前系统输出信号取值 $y(k)$ 以及下一个时刻($k+1$ 时刻)的新的系统状态取值 $s(k+1)$。如果已知系统的初始状态 $s(0)$ 和输入的离散时间信号 $x(k),k=0,1,2,\cdots$,通过递推,就可以得出未来各个离散时刻的系统状态值和系统输出信号。如果系统模型中存在数模转换模块(例如取样器、模拟低通滤波器等),那么系统中既存在时间连续信号,又有时间离散信号。对于这样的混合系统,其状态方程组中既有微分方程,又有差分方程。

**2. 基于概率模型的蒙特卡罗方法**

蒙特卡罗(Monte Carlo)方法是一种基于随机试验和统计计算的数值方法,也称计算机随机模拟方法或统计模拟方法。蒙特卡罗方法的数学基础是概率论中的大数定理和中心极限定理。

举一个直观的例子。假设要计算一个不规则图形的面积,对于平面上一个边长为 1 的正方形及其内部一个形状不规则的图形,如何求出这个图形的面积呢?向该正方形均匀地随机投掷 $M$ 个点,如果其中有 $N$ 个点落于"图形"内,则该"图形"的面积近似为 $N/M$。投掷的点数越多,结果就越精确。

在建模和仿真中,应用蒙特卡罗方法主要有以下两部分工作:

① 用蒙特卡罗方法模拟某一过程时,产生所需要的各种概率分布的随机变量。
② 用统计方法把模型的数字特征估计出来,从而得到问题的数值解,即仿真结果。

**3. 混合方法**

仿真中同时使用了基于数值计算的状态方程求解方法和基于统计计算的蒙特卡罗方法,称为混合方法。由于通信系统是一种工作在随机噪声环境下的动态系统,因此一般的对通信系统的仿真方法就是一种确定方程求解与统计计算相互结合的混合方法。

## 1.3.2 通信系统仿真工具

仿真工具是实现建模和数值求解过程的软件和硬件平台。现代仿真平台和编程语言环境一般都具有如下基本特征:

- 可视化的建模方式;
- 软件硬件协同仿真的能力;
- 交互性和图形环境;
- 跨平台和可移植性。

一个软件仿真环境通常由以下部分组成:模块库、模块编辑和配置器、仿真管理器、后处理部分、文件、数据库管理和帮助文档。

在通信系统仿真中,通信网络层次常用的仿真工具包括 OPNET 和 NS 等。通信链路层次的仿真问题是以概率论、信息论和信号处理为数学基础的,以状态方程的数值计算和概率统计为主要手段,以信息的传输性能为主要仿真指标,常用的链路层次的仿真工具包括 MATLAB/Simulink、Systemview、Scilab 以及 C、C++,其中 MATLAB/Simulink 作为方便而通用的数值计算和系统仿真平台在通信链路层次仿真建模中得到了非常广泛的应用。本书也以 MATLAB/Simulink 作为通信系统的建模和仿真平台。电路层次的仿真工具包括 Spice、VHDL 等。

# 第 2 章
# MATLAB 语言及 Simulink 仿真基础

　　MATLAB 是由美国的 Mathworks 公司推出的一种科学计算和工程仿真软件,其名称源自 Matrix Laboratory(矩阵实验室),专门以矩阵的形式处理数据。MATLAB 将高性能的科学计算、结果可视化和编程集中在一个易于操作的环境中,并提供了大量的内置函数,具有强大的矩阵计算和绘图功能,适用于科学计算、控制系统、信息处理等领域的分析、仿真和设计工作。目前,在世界范围内被科研工作者、工程技术人员和院校师生广泛应用。

　　本章将介绍 MATLAB 家族产品构成、MATLAB 的发展及特点、R2016b 版本的界面环境、MATLAB 的基本操作和语法、通信仿真工具箱等内容。

## 2.1　MATLAB 概述

### 2.1.1　MATLAB 家族

　　Mathworks 公司总部位于美国马萨诸塞州的 Natick 市,是世界领先的基于技术计算和模型设计的软件开发商和供应商。自 1984 年成立至今,全球现有超过 50 万的企业用户和上千万的个人用户,广泛地分布在航空航天、金融财务、机械化工、电信、教育等各个行业。2007 年 5 月,Mathworks 公司在中国北京成立独资公司,直接为中国用户提供销售、培训和支持服务。

　　Mathworks 公司的 MATLAB & Simulink 产品家族是一高度整合的科学计算环境,提供了强大的设计工具。MATLAB & Simulink 产品的大致组成如图 2-1 所示。在产品家族中,MATLAB 是整个体系的基座,它是一个语言编程型开发平台,提供了体系中其他工具所需要的集成环境。MATLAB 集成了 2D 和 3D 图形功能,以完成数值可视化的工作,利用交互式的高级编程语言——MATLAB 语言编写脚本或者函数文件实现自己的算法。

　　MATLAB Compiler 是一种编译工具,自动将 MATLAB 中的 M 文件转换成 C 和 C++ 代码,用于独立应用开发。

　　Simulink 是一个交互式动态系统建模、仿真和分析工具。它的建模范围广泛,可以针对任何能够用数学描述的系统进行建模,例如通信系统、卫星控制制导系统、航空航天动力学系统、船舶及汽车等,其中包括连续、离散,条件执行,事件驱动,单速率、多速率和混杂系统,等等。Simulink 利用鼠标拖放的方法建立系统模型的图形界面,而且 Simulink 提供了丰富的功能模块,几乎可以做到不书写一行代码就完成整个动态系统的建模工作,将工程人员对计算机编程的熟练程度的要求降到了最低。

　　在 MATLAB/Simulink 基本环境之上,Mathworks 公司为用户提供了丰富的扩展资源 Toolbox 和 Blockset。函数库和模块库是开放的、可扩展的,用户可以对其进行修改,甚至可以开发自己的算法扩充工具箱的功能。MATLAB 已经从单纯的数学函数库演变为多学科多

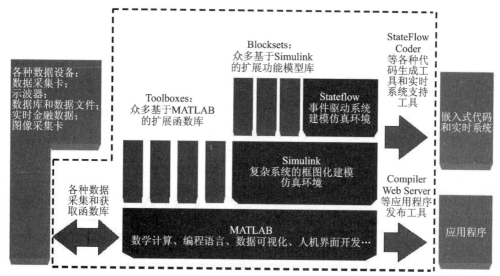

图 2-1　MATLAB & Simulink 产品的组成

领域的函数包、模块库的提供者。目前 MATLAB 产品的工具箱已涵盖数据获取、科学计算、控制系统设计与分析、数字信号处理、数字图像处理、金融财务分析以及生物遗传工程等专业领域。

Stateflow 是一种利用有限状态机理论建模和仿真事件驱动系统的可视化设计工具,适用于描述复杂的开关控制逻辑、状态转移图以及流程图等。

在 MATLAB 产品族中,自动化的代码生成工具主要有 Real – Time Workshop(RTW)和 Stateflow Coder,这两种代码生成工具可以直接将 Simulink 的模型框图和 Stateflow 的状态图转换成高效优化的程序代码。整个代码的生成、编译以及相应的目标下载过程都是自动完成的,用户需要做的仅仅是用鼠标单击几个按钮即可。

MATLAB 产品家族的具体内容如表 2-1 所列。欲知更多的 MATLAB & Simulink 产品家族相关信息,可参考 Mathworks 公司网站:www.mathworks.com。

表 2-1　MATLAB 产品家族

| MATLAB | MATLAB 科学计算语言 |
|---|---|
| <并行计算> | |
| Parallel Computing Toolbox | 并行计算工具箱 |
| MATLAB © Distributed Computing Server | 分布式计算服务器 |
| <数学、统计和优化> | |
| Curve Fitting Toolbox | 曲线拟合工具箱 |
| Global Optimization Toolbox | 全局优化工具箱 |
| Neural Network Toolbox | 神经网络工具箱 |
| Optimization Toolbox | 优化工具箱 |
| Partial Differential Equation Toolbox | 偏微分工具箱 |

续表 2–1

| MATLAB | MATLAB 科学计算语言 |
|---|---|
| Statistics and Machine Learning Toolbox | 统计与机器学习工具箱 |
| Symbolic Math Toolbox | 符号计算工具箱 |
| <控制系统> | |
| Aerospace Toolbox | 航空航天工具箱 |
| Control System Toolbox | 控制系统工具箱 |
| Fuzzy Logic Toolbox | 模糊逻辑工具箱 |
| Model Predictive Control Toolbox | 模型预测控制工具箱 |
| Robotics System Toolbox | 机器人系统工具箱 |
| Robust Control Toolbox | 鲁棒控制工具箱 |
| System Identification Toolbox | 系统识别工具箱 |
| <信号处理及通信> | |
| Antenna Toolbox | 天线工具箱 |
| Audio System Toolbox | 音频系统工具箱 |
| Communications Toolbox | 通信工具箱 |
| DSP System Toolbox | DSP 系统工具箱 |
| LTE System Toolbox | LTE 系统工具箱 |
| Phased Array System Toolbox | 相控阵系统工具箱 |
| RF Toolbox | 射频工具箱 |
| Signal Processing Toolbox | 信号处理工具箱 |
| Wavelet Toolbox | 小波工具箱 |
| WLAN System Toolbox | 无线局域网系统工具箱 |
| <图像处理及计算机视觉> | |
| Computer Vison System Toolbox | 计算机视觉系统工具箱 |
| Image Acquisition Toolbox | 图像采集工具箱 |
| Image Processing Toolbox | 图像处理工具箱 |
| Mapping Toolbox | 地理信息处理工具箱 |
| <测试及测量> | |
| Image Acquisition Toolbox | 图像采集工具箱 |
| Instrument Control Toolbox | 仪器仪表控制工具箱 |
| <财务运算> | |
| Database Toolbox | 数据库工具箱 |
| Datafeed Toolbox | 财务资料来源工具箱 |
| Financial Toolbox | 财经工具箱 |
| <生物运算> | |
| Bioinformatics Toolbox | 生物信息学工具箱 |
| SimBiology | 生物模拟工具箱 |

续表 2-1

| MATLAB | MATLAB 科学计算语言 |
|---|---|
| <代码生成> | |
| Filter Design HDL Coder | 滤波器设计 HDL 转码工具 |
| Fixed-Point Designer | 定点设计器 |
| HDL Coder | HDL 编码器 |
| MATLAB Coder | MATLAB 编码器 |
| <应用程序布署> | |
| MATLAB Compiler | MATLAB 编译器 |
| MATLAB Compiler SDK | MATLAB 编译器软件开发工具包 |
| <资料库连接与产生报告> | |
| Database Toolbox | 资料库连接工具箱 |
| MATLAB Report Generator | MATLAB 报告产生器 |

## 2.1.2 MATLAB 发展及特点

1967 年,美国新墨西哥州大学计算机系系主任 Clever Moler 博士在给学生讲授线性代数课程时,为了方便学生调用用于矩阵运算的 EISPACK 和 LINPACK 的 FORTRAN 子程序库,利用业余时间为学生编写了 EISPACK 和 LINPACK 的接口程序,取名为 MATLAB。这个程序推出后受到了学生的广泛欢迎,并广为流传。

1984 年,Clever Moler 博士与一批数学家和软件专家成立了 Mathworks 公司,发行了 MATLAB 第 1 版(DoS 版本 1.0),正式把 MATLAB 推向市场。内核改用 C 语言编写,大大提高了运算效率,并增加了计算结果可视化,使研究人员从大量经常的矩阵运算和繁琐的编程中解脱出来。

1990 年,Mathworks 公司推出了以框图为基础的控制系统仿真工具 Simulink,并提供了控制系统中常用的模块库。

1992 年,MathWorks 公司推出 4.0 版本,在原来的基础上又进行了较大的调整,推出了 Windows 版本,可以在多个窗口进行命令执行和图形绘制。

1999 年,推出 MATLAB 5.3 版(Release 11.0),实现了 32 位运算,并为用户提供了在线帮助。

2000 年 10 月底推出了 MATLAB 6.0 正式版(Release 12.0),在核心数值算法、界面设计、外部接口、应用桌面等诸多方面有了极大的改进,并添加了很多新的工具箱和功能函数。

2004 年,推出 MATLAB 7.0(Release 14)。

自 2006 年起,产品更新升级主要以建造编号来进行区分。命名规则为发布年代+a(b),a、b 版本分别表示每年 3 月或者 9 月发布。例如本书以 MATLAB R2016b 版本为平台进行编写,表示该版本是 2016 年 9 月发布的。

2012 年,推出的 MATLAB 8.0(R2012b),开始将用户界面改为类似于 Office 2007 的 Ribbon 风格,而取消了传统的菜单+工具条。表 2-2 中列出了 2013—2016 年间发布的各版本新增产品及特色。

目前,在国际上三十几个数学类科技应用软件中,MATLAB 在数值计算方面独占鳌头,MATLAB 已经成为国际控制界公认的标准计算软件。

表 2-2　MATLAB 版本更新历史(2013—2016 年)

| 发布时间 | 产品建造编号 | 新增产品/特色 |
| --- | --- | --- |
| 2013 年 3 月 | R2013a | Trading Toolbox 和 Fixed-Point Designer |
| 2013 年 9 月 | R2013b | Polyspace Bug Finder 和 Polyspace Code Prover |
| 2014 年 3 月 | R2014a | LTE System Toolbox |
| 2014 年 9 月 | R2014b | 发布新的图形系统;<br>大数据的新增支持;<br>代码打包与分享功能;<br>源控制集成;<br>支持模型搭建加速与连续仿真运行 |
| 2015 年 3 月 | R2015a | 包括 Simulink 多项新增图形控制与显示功能;<br>四个新产品:Antenna Toolbox、Robotics System Toolbox、Simulink Test 和 Vision HDL Toolbox |
| 2015 年 9 月 | R2015b | 发布新的执行引擎;<br>新的 Simulink Scope UI,令查看和纠错信号功能更加完善 |
| 2016 年 3 月 | R2016a | MATLAB 实时编辑器;<br>App Designer |
| 2016 年 9 月 | R2016b | 获取数据变得更简单;<br>提供的机器学习算法能够更快地训练模型,使用大数据,并从模型生成 C/C++ 代码;<br>Simulink Just-in-time 可使得在加速器模式下运行仿真时实现性能提升 |

## 2.1.3　MATLAB R2016b 界面环境

首次启动 MATLAB R2016b 后的主界面如图 2-2 所示。

由图 2-2 可以看出,MATLAB 的工作环境主要由 HOME(主页)、PLOTS(绘图)、APPS(应用)三个菜单栏及 Command Window(命令窗口)、Current Folder(当前目录窗口)、Workspace(工作台窗口)、Command History(命令历史记录窗口)等窗口组成。菜单栏的操作与其他 Windows 应用相似,这里不再介绍。对这些窗口的认识,是掌握 MATLAB 操作的基础。下面将对主要窗口做简单介绍。

**1. Command Window(命令窗口)**

Command Window 是 MATLAB 中最重要的部分,它是人机交互的主要环境,也是和编译器连接的主要窗口。用户在提示符(>>)后直接输入命令即可执行相关的命令。执行完毕后,提示符(>>)依然存在,表示 MATLAB 处于准备状态,如图 2-3 所示。

MATLAB 的常用窗口命令:

clc:清除 Command Window 里的内容。

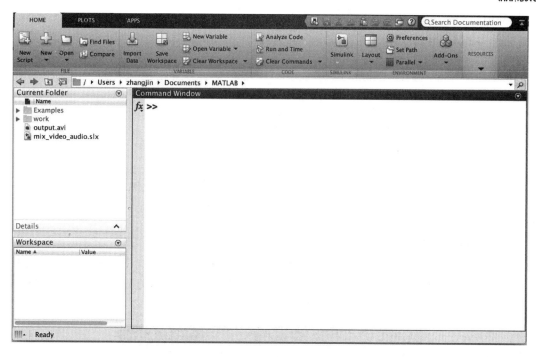

图 2-2　MATLAB R2016b 的主界面

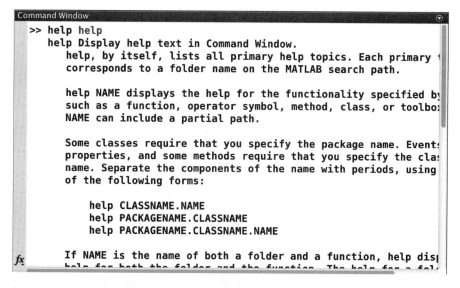

图 2-3　Command Window

home：光标回到窗口的左上角。
clf：清除当前 Figure 窗口的所有非隐藏对象。
close：关闭当前 Figure 窗口。
closeall：关闭所有 Figure 窗口。

## 2. Current Folder(当前目录窗口)

该窗口显示当前用户工作所在的路径。在这个窗口中,可以查看 MATLAB 文件,并进行复制、移动、查找等文件操作，如图 2-4 所示。

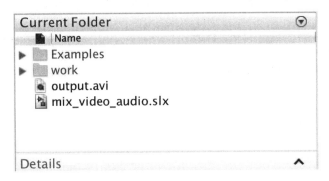

图 2-4  Current Folder

**3. Workspace(工作台窗口)**

Workspace 中列出了程序计算过程中产生的变量名称、数学结构、字节数和类型。选中一个变量，右击则可根据菜单进行相应的操作。在 MATLAB 中，不同的数据类型对应不同的变量名图标，如图 2-5 所示。

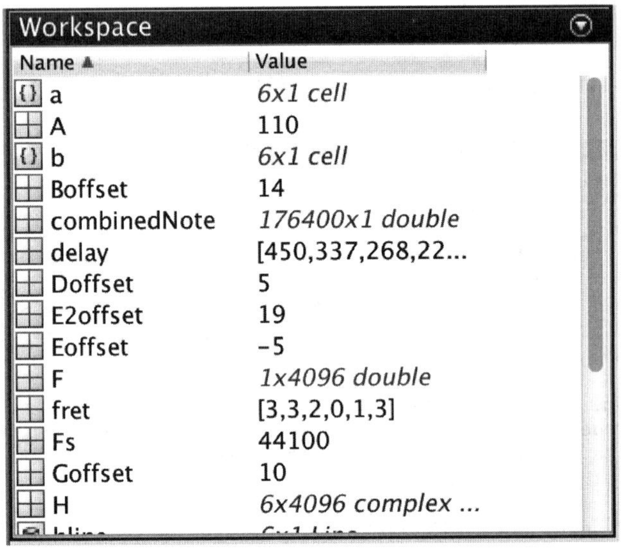

图 2-5  Workspace

**4. Command History(命令历史记录窗口)**

用户在 Command Window 运行过的所有命令和对应的时间都在该窗口中有记录。用户可以通过 Command History 查看曾经输入的命令，双击后可以在 Command Window 中重新运行，减少了重新输入的麻烦。如果想从窗口中删除命令，则只需选中想要删除的命令右击，选择 Delete 即可，如图 2-6 所示。

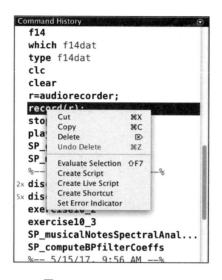

图 2-6  Command History

## 2.2 MATLAB 基本语法和基本操作

### 2.2.1 变量赋值

为了简化编程,在 MATLAB 内部所有变量均保存为 double 的形式,即双精度(64 位)二进制。

MATLAB 是基于矩阵运算的,MATLAB 中的所有变量或常量都以矩阵形式保存。一个数也是矩阵,只不过它是 $1\times1$ 阶的矩阵。

MATLAB 对大小写敏感,所以命名变量名和函数名时应注意区分大小写,且最多只能含有 63 个字符。这些字符只能由英文字母、数字和下划线组成,第一个字母必须是英文字母。字符间不能留空格。

赋值语句的一般形式为

$$\text{变量}=\text{表达式(或数)}$$

例如:

```
>> a=[1 2 3;4 5 6;7 8 9]

a =

     1     2     3
     4     5     6
     7     8     9
```

**注意**:同一行中各元素之间用空格符号或逗号","分开,行与行之间用分号";"或回车符号分开。

当用表达式赋值时,例如:

```
>> a = 1:2:10

a =

     1     3     5     7     9
```

该例产生了一个初值为 1、终值为 10、步长为 2 的行向量。

再如：

```
>> zeros(3,2)

ans =

     0     0
     0     0
     0     0
```

该例产生了一个三行两列的全零矩阵。**注意**：当只有"表达式"时，MATLAB 会给出一个临时变量"ans"暂存运算结果。

在调试程序时，往往需要检查工作空间（Workspace）中的变量。常用于检查变量的命令有以下几种：

who：用于检查现存于工作空间的变量。

例如：

```
>> who

Your variables are:

a    ans
```

whos：用于检查现存于工作空间的变量的详细资料。

例如：

```
>> whos
  Name      Size              Bytes  Class

  a         1x5                  40  double array
  ans       3x2                  48  double array

Grand total is 11 elements using 88 bytes
```

clear：用于删除工作空间的变量。

### 2.2.2 矩阵运算

矩阵是 MATLAB 数据存储的基本单元，而矩阵的运算是 MATLAB 语言的核心，在 MATLAB 语言系统中几乎一切运算都是以对矩阵的操作为基础的。MATLAB 提供的矩阵运算功能大大简化了科研和工程中的运算。矩阵运算包括矩阵的四则运算、特征根、奇异解的求解等。MATLAB 提供的关于矩阵运算的常用函数见表 2-3。

**表 2-3　关于矩阵运算的常用函数**

| 函 数 | 功 能 | 函 数 | 功 能 |
|---|---|---|---|
| norm | 求向量或矩阵的范数 | eig | 求特征值及特征向量 |
| det | 求矩阵的行列式 | ^ | 矩阵的乘方运算 |
| inv | 求方阵的逆矩阵 | sqrtm | 矩阵的开方运算 |
| size | 求矩阵的阶数 | expm | 矩阵的指数运算 |
| rank | 求矩阵的秩 | logm | 矩阵的对数运算 |
| trace | 求矩阵的迹 | | |

下面这个例子中包括矩阵与常数的运算、矩阵的逆、矩阵与矩阵的运算：

```
>> A = [6 7 5;3 6 9;4 1 5]
   B = 20 + A
   C = inv(A) * B

A =
     6     7     5
     3     6     9
     4     1     5

B =
    26    27    25
    23    26    29
    24    21    25

C =
    3.8571    2.8571    2.8571
   -0.9524    0.0476   -0.9524
    1.9048    1.9048    2.9048
```

求矩阵的特征根：

```
>> eig(C)

ans =

    4.8095
    1.0000
    1.0000
```

矩阵的乘方运算及开方验证：

```
>> A = [6 7 5;3 6 9;4 1 5];
B = A^2

B =

    77    89    118
    72    66    114
    47    39     54
```

再对 B 进行开方验证:

```
>> C = sqrtm(B)

C =

    6.0000    7.0000    5.0000
    3.0000    6.0000    9.0000
    4.0000    1.0000    5.0000
```

证明 C=A。

### 2.2.3 程序控制语句

MATLAB 的语言结构一般可归纳为

MATLAB 的语言结构=窗口命令+M 文件

窗口命令用来调用和执行 M 文件。MATLAB 区分大小写,它的命令全用小写。M 文件在 Editor 编辑器中编辑。一行可以输入几个命令,用";"或","隔开。若用";",则该函数的执行结果不显示(图形函数除外);若用",",则该函数的运行结果要显示。编程中经常使用注释符"%",即"%"后面的内容为注释,对 MATLAB 的计算不产生任何影响。

用 MATLAB 编程的一个很大的优点是:书写格式不必太在意,Editor 编辑器会自动对书写格式进行处理。下面介绍 MATLAB 编程常用的程序控制语句。

**1. 判断 if 语句**

if 语句通过判断逻辑表达式的值实现分支算法。若表达式的逻辑值为真,则执行后面的语句块包含的指令;否则跳过该语句块。if 语句有三种形式:

(1) if    逻辑表达式

       语句

  end

(2) if    逻辑表达式

       语句 1

  else

       语句 2

  end

(3) if    逻辑表达式 1

```
        语句 1
else if  逻辑表达式 2
        语句 2
...
else
        语句 n
end
```

以比较两个数的大小为例：

```
>> x = 32;y = 86;
if x>y
    'x 大于 y'
else if x<y
    'x 小于 y'
else if x = = y
    'x 等于 y'
else
    'error'
end

ans =

x 小于 y
```

**2．循环语句**

MATLAB 的循环语句有 for 循环语句和 while 循环语句两种。while 循环和 for 循环的区别：while 循环结构中的循环体被执行的次数不是确定的,而 for 结构中的循环体的执行次数是确定的。

（1）for 循环语句

基本格式为

for　循环变量＝起始值：步长：终止值
　　　循环体
end

以从 1 加到 10 为例：

```
>> a = 0;
for i = 1:1:10
    a = a + i;
end
a

a =
```

（2）while 循环语句

基本格式为

while　表达式
　　　循环体
　　　end

若表达式为真,则执行循环体的内容,执行后再判断表达式是否为真;若不为真,则跳出循环体,向下继续执行。

例如：

```
>> num = 0;  a = 5;
while a>1
    a = a/2;
    num = num + 1;
end
num

num =

    3
```

当"a>1"不为真时,跳出循环体,共进行了3次循环。

### 3. 分支 switch/case 语句

分支 switch/case 语句是多分支选择语句,有些情况可以用 if 语句表达,但多层嵌套的情况,switch/case 语句更清晰,容易理解。具体格式为

switch　表达式
case　　值1
　　　　语句1
case　　值2
　　　　语句2
．．．．
otherwise
　　　　语句 n
end

表达式的值和哪个 case 的值相同,就执行哪个 case 后的语句;如果不同,则执行 otherwise 后的语句。例如：

```
>> switch i
    case 0
        'i equals 0'
```

```
    case 1
        'i equals 1'
    case 2
        'i equals 2'
    otherwise
        'i is not equal to 0, 1 or 2'
end

ans =

i is not equal to 0, 1 or 2
```

## 2.2.4 基本绘图方法

MATLAB为用户提供了结果可视化功能，只要输入相应的命令，结果就会用图形直接表示出来。MATLAB提供的常用绘图类函数见表2-4。

表2-4 常用绘图类函数

| 函 数 | 功 能 | 函 数 | 功 能 |
| --- | --- | --- | --- |
| plot | 绘制二维线性图形 | grid | 图上加网格 |
| subplot | 绘制子图 | hold | 保持当前图形 |
| figure() | 创建一个图的窗口 | clf | 清除图形以及属性 |
| legend | 图的注释 | mesh | 三维网线图 |
| title | 图的标题 | plot3 | 绘制三维线性图形 |
| xlabel | 横轴标注 | surf | 三维表面图 |
| ylabel | 纵轴标注 | | |

下面这个例子可以描述绘图的基本步骤：

```
>> x = -pi:.1:pi;
y1 = sin(x);
y2 = cos(x);                    % 准备绘图数据
figure(1)                       % 打开图形窗口
subplot(2,1,1)                  % 确定第一幅图绘图窗口
plot(x,y1)                      % 以 x、y1 绘图
title('plot(x,y1)')             % 为第一幅图取名为 'plot(x,y1)'
grid on                         % 为第一幅图绘制网格线
subplot(2,1,2)                  % 确定第二幅图绘图窗口
plot(x,y2)                      % 以 x、y2 绘图
xlabel('time'),                 % 第二幅图横坐标名为 'time'
ylabel('y')                     % 第二幅图纵坐标名为 'y'
```

结果如图2-7所示。

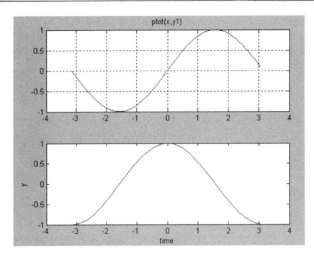

图 2-7 绘制二维线性图形

上例中的图形使用的是默认的颜色和线型,MATLAB 中提供了多种颜色和线型,并且可以绘制出脉冲图、误差条形图等多种形式的图。

```
>> subplot(1,2,1),stem(x,y1,'r')           %绘制红色的脉冲图
subplot(1,2,2),errorbar(x,y1,'g')          %绘制绿色的误差条形图
```

结果如图 2-8 所示。

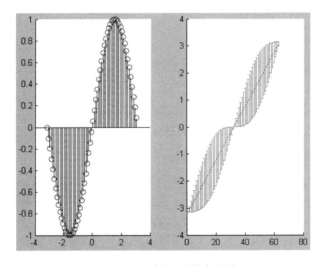

图 2-8 脉冲图、误差条形图

MATLAB 也提供了多种三维绘图函数。

空间曲线的绘制:

```
>> x = 0:0.1:4 * pi;
y1 = sin(x);
y2 = cos(x);
plot3(y1,y2,x)
grid on
```

结果如图2-9所示。

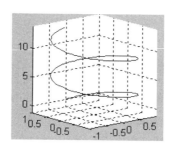

图2-9 空间曲线的绘制

空间曲面的绘制(在该例中提供了4种空间曲面函数的对比):

```
x = [-2:0.2:2]; y = x;
[X,Y] = meshgrid(x,y);        %生成 x-y 坐标"格点"矩阵
Z = X.*exp(-X.^2-Y.^2);
subplot(2,2,1),
surf(Z);                       %绘制曲面
shading flat                   %把曲面上的小格平滑掉
subplot(2,2,2),
mesh(Z);                       %绘制网格曲面
subplot(2,2,3),
meshc(Z);                      %等高线投影到平面上
subplot(2,2,4),
surfl(Z);
view(20,0)                     %变换立体图视角
```

结果如图2-10所示。

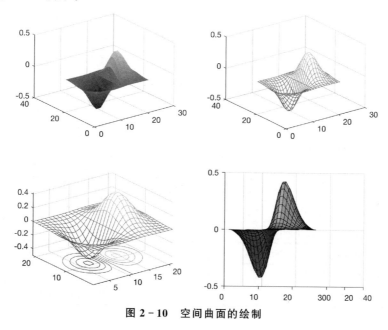

图2-10 空间曲面的绘制

## 2.3 Simulink 简介

### 2.3.1 Simulink 家族及主要功能

Simulink 是 Mathworks 公司的 MATLAB & Simulink 产品家族的重要组成部分。1990 年,Mathworks 公司推出了以框图为基础的控制系统仿真工具 Simulab,并提供了控制系统中常用的模块库。1992 年公司将该软件改名为 Simulink。软件的名称表明了系统的两个主要功能:Simu(仿真)和 Link(连接)。Simulink 提供了一些按功能分类的系统模块,用户只需用箭头连接所选模块就可以完成框图系统仿真的全部过程,然后利用 Simulink 提供的功能对系统进行仿真和分析。这使得用户可以把更多的精力从语言的编程转到系统模型的构建上。

Simulink 可以搭建通信系统物理层和数据链路层、动力学系统、控制系统、数字信号处理系统、电力系统、生物系统、金融系统等系统模型,其产品家族包括表 2-5 中所列的内容。

表 2-5 Simulink 产品家族

| | |
|---|---|
| Simulink | 动态系统模拟软件 |
| <事件基础模拟> | |
| SimEvents | 事件模拟模块库 |
| Stateflow | 事件驱动系统模拟软件 |
| <物理模型模拟> | |
| SimRF | 射频系统模拟模块库 |
| Simscape | 物理系统建模工具 |
| Simscape Driveline | 物理系统建模工具—传动模拟模块库 |
| Simscape Electronics | 物理系统建模工具—机电系统模拟模块库 |
| Simscape Fluids | 物理系统建模工具—流体系统模拟模块库 |
| Simscape Multibody | 物理系统建模工具—多目标系统模拟模块库 |
| Simscape Power Systems | 物理系统建模工具—电力系统模拟模块库 |
| <控制系统设计及分析模块库> | |
| AerospaceBlockset | 航空航天模块库 |
| Robotics System Toolbox | 机器人系统工具箱 |
| SimulinkControl Design | Simulink 控制模块库 |
| Simulink Design Optimization | Simulink 设计优化模块库 |
| <信号处理及通信模块库> | |
| Audio System Toolbox | 音频系统工具箱 |
| CommunicationsSystem Toolbox | 通信系统工具箱 |
| CommunicationsSystem Toolbox | 计算机视觉系统工具箱 |
| DSP System Toolbox | DSP 系统工具箱 |
| Phased ArraySystem Toolbox | 相控阵系统工具箱 |

续表 2-5

| Simulink | 动态系统模拟软件 |
|---|---|
| SimRF | 射频系统模拟模块库 |
| <代码产生工具> | |
| Embedded Coder | 嵌入式代码生成工具 |
| Fixed-Point Designer | 定点系统设计工具 |
| HDL Coder | HDL 代码生成工具 |
| Simulink Coder | Simulink 代码生成工具 |
| <实时仿真与测试> | |
| Simulink Desktop Real-Time | Simulink 桌面实时仿真工具 |
| <确认、验证及测试> | |
| Polyspace Bug Finder | Polyspace 错误鉴别工具 |
| Polyspace Coder Prover | Polyspace 代码证明工具 |
| Simulink Design Verifier | Simulink 设计校验工具 |
| Simulink Test | Simulink 测试工具 |
| Simulink Verification and Validation | Simulink 模型及代码验证工具 |
| <仿真图形及报告> | |
| Simulink 3D Animation | Simulink 3D 动画工具 |
| Simulink Report Generator | Simulink 报告产生器 |

**1. Simulink 主要功能**

（1）模型构建

Simulink 提供了一套预定义模块,加以组合即可创建详细的系统框图。有关层次建模、数据管理和子系统自定义等工具可使用户简明而准确地描绘最为复杂的系统。

（2）选择模块

Simulink 库浏览器包含系统建模常用的模块库。无论是使用系统提供的模块,还是将手写 MATLAB、C、Fortran 或 Ada 代码融合到模型,均可构建自定义函数,并且可以将自定义模块存储在 Simulink 库浏览器内各自的库中。借助于 Simulink 的附加产品,可以加入航空、通信、PID 控制、控制逻辑、信号处理、视频和图像处理以及其他应用的专业化组件。有了附加产品,还可以利用机械、电气和液压组件来构建物理系统模型。

（3）构建和编辑模型

将模块从 Simulink 库浏览器拖入 Simulink 编辑器中即可构建模型。接下来,使用信号线将这些模块连接起来,即可在系统组件之间建立数学关系。通过以子系统的方式将一组模块和信号封装在单一模块内,便可以添加层次结构。Simulink 编辑器可用于全面控制模型中的内容和操作。例如:可以将命令和子菜单添加到编辑器和上下文菜单中;还可以使用一个掩码来隐藏子系统内容并为子系统提供自己的图标和参数对话框,以此将自定义接口添加到子系统或模型中。

（4）模型层次结构导览

Simulink 中的资源管理器栏和模型浏览器有助于模型中的导航。资源管理器栏可指示当前查看的层级，而模型浏览器为模型提供了一个完整的层次结构树状图，并且像资源管理器栏一样，可用于在各层级间移动。

（5）管理信号和参数

Simulink 模型既包含信号也包含参数。信号是由连接模块的线条所表示的时变数据。参数是定义系统动态和行为的系数。如果选择不指定数据属性，则 Simulink 会通过传播算法自动予以确定，然后执行一致性检查，以确保数据的完整性。这些信号和参数属性可以在模型或者单独的数据字典中加以指定，随后便可以通过模型资源管理器来组织、查看以及修改和添加数据，而无需遍历整个模型。

（6）模型仿真

利用 Simulink 可以对系统的动态行为进行仿真，并在运行仿真时查看结果。为确保仿真的速度和精度，Simulink 提供了固定步长和可变步长 ODE 求解器、图形化调试器以及模型探查器。

（7）选择求解器

求解器是利用模型中所含的信息来计算系统动态行为的数值积分算法。Simulink 提供的求解器可支持多种系统的仿真，其中包括任何规模的连续时间（模拟）、离散时间（数字）、混杂（混合信号）和多采样率系统。这些求解器可以对刚性系统以及具有不连续过程的系统进行仿真。可以指定仿真选项，其中包括求解器的类型和属性、仿真的起始时间和结束时间以及是否加载或保存仿真数据。此外，还可以设置优化和诊断信息。不同的选项组合可与模型一起保存。

（8）运行仿真

可以通过 Simulink 编辑器以交互的方式运行仿真，或者通过 MATLAB 命令行按部就班地运行仿真。仿真有以下三种模式：

- Normal(标准，默认设置)，以解释的方式对模型进行仿真；
- Accelerator(加速器)，通过创建和执行已编译的目标代码来提高仿真性能，而且在仿真过程中依然能够灵活地更改模型参数；
- Rapid Accelerator(快速加速器)，通过创建能够在 Simulink 外部的第二个处理内核上运行的可执行程序，能够比 Accelerator(加速器)模式更快地进行模型仿真。

为了缩短运行多个仿真所需的时间，可以在一台多核计算机或计算机集群上并行运行这些仿真。

（9）仿真结果分析

运行仿真后，可以在 MATLAB 和 Simulink 中分析仿真结果。Simulink 含带多种有助于了解仿真行为的调试工具。

（10）查看仿真结果

使用 Simulink 中提供的显示器和示波器查看信号，可以实现仿真行为可视化。还可以查看仿真数据检查器内的仿真数据，从中比较来自多次仿真的多组信号。另外，还可以将信号记录到 MATLAB 工作区，以便使用 MATLAB 算法以及可视化工具来查看和分析数据。

(11) 调试仿真

Simulink 支持使用仿真步进器（Simulation Stepper）进行调试，以便前后逐步查看示波器上的仿真数据，或检查系统改变状态的方式及时间。以通过 Simulink 调试器逐个方法地来运行仿真，并检查相应方法的执行结果。在模型仿真过程中，可以显示有关模块状态、模块输入与输出以及在 Simulink 编辑器中执行模块方法等方面的信息。

(12) 硬件连接

Simulink 模型支持与硬件相连接，以便实现快速原型开发、硬件在环（HIL）仿真和嵌入式系统部署。

(13) 在硬件上运行仿真

Simulink 提供了有关在低成本目标硬件上进行模型的原型开发、测试和运行的内置支持，其中包括 Arduino、LEGO MINDSTORM NXT、PandaBoard 和 BeagleBoard。可以在 Simulink 中设计有关控制系统、机器人、音频处理和计算机视觉应用的算法，并查看其实时执行情况。用 Simulink Desktop Real-Time，可以在 Microsoft Windows 的电脑和 MacOS 及连接到一系列的 I/O 板创建和实时控制系统。若要在目标计算机上实时运行模型，则可以使用 Simulink Real-Time 来实现 HIL 仿真、快速控制原型开发以及其他的实时测试应用程序。

(14) 生成代码

Simulink 模型经过配置后便可用来生成代码。通过将 Simulink 与附加代码生成产品配合使用，可以直接由模型来生成 C 和 C++、HDL 或 PLC 代码。

## 2.3.2 Simulink 基本模块库

MATLAB R2016b 版本里包含的是 Simulink 8.8。在 MATLAB 命令窗口中输入命令"simulink"或者单击 MATLAB 工具栏上的图标，即可进入到 Simulink 开始界面，如图 2-11 所示。

单击 Blank Model 图标，可新建一个模型文件，在新建的模型文件窗口中单击符号，打开 Simulink 模块库，如图 2-12 所示。在 Simulink 模块库窗口中可以对模块进行查找，在查找栏下方窗口中对所选模块进行简单的说明。

Simulink 基本模块库中各子库的功能如下：

- Commonly Used Blocks 模块库，为仿真提供常用模块；
- Continuous 模块库，为仿真提供连续系统模块；
- Dashboard 模块库，为仿真提供查看信号参数的仪表盘模块；
- Discontinulties 模块库，为仿真提供非连续系统模块；
- Discrete 模块库，为仿真提供离散模块；
- Logic and Bit Operations 模块库，提供逻辑运算和位运算的模块；
- Lookup Tables 模块库，提供查询表模块；
- Math Operations 模块库，提供数学运算功能模块；
- Model Verification 模块库，模型验证库；

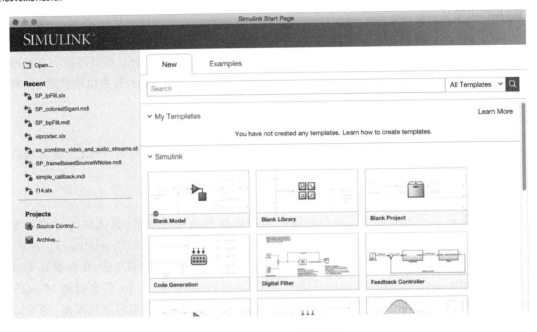

图 2-11　Simulink 开始界面

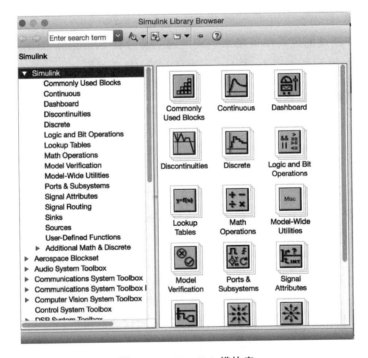

图 2-12　Simulink 模块库

- Model-Wide Utilities 模块库,模型实用模块库;
- Ports & Subsystems 模块库,端口和子系统模块库;
- Signals Attributes 模块库,提供信号属性模块;
- Signals Routing 模块库,提供信号路由模块;

- Sinks 模块库,为仿真提供输出设备;
- Sources 模块库,为仿真提供各种信号源;
- User-Defined Functions 模块库,用户自定义函数元件;
- Additional Math & Discrete 模块库,附加的数学和离散模块库。

各种模块都得到了分类,方便用户查找。例如:Sources(信源模块子库)中存放了各种信号源,如 Sine Wave(正弦波)、Step(阶梯波)、Pulse Generator(脉冲波)、Clock(输出时间 t)、Constant(输出常数)等,如图 2-13 所示。

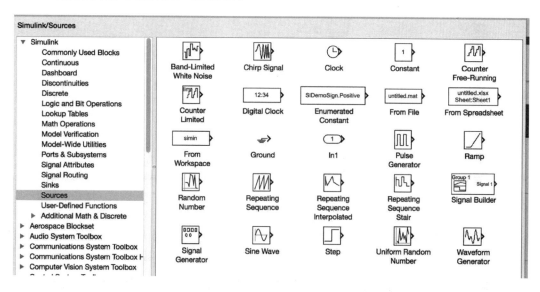

图 2-13 信源模块子库

另外,Simulink 中还有扩展的专业模块库,如控制系统模块库、通信模块库、DSP 模块库、电力系统模块库、金融系统模块库等,以方便完成不同专业的建模仿真。

## 2.3.3 Simulink 建模仿真的操作过程

Simulink 建模仿真的一般过程如下:

① 单击开始页面上的 Blank Model 图标,打开一个空白的编辑窗口,如图 2-14 所示。

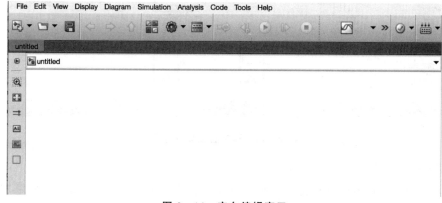

图 2-14 空白编辑窗口

② 从模块库中选取需要的模块用鼠标左键拖到编辑窗口里,将环节都布置好,并修改编辑窗口中模块的参数,如图 2-15 所示。

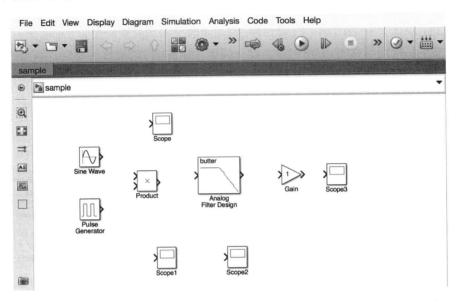

图 2-15　选取模块示意图

③ 用箭头将各个模块连接起来,如图 2-16 所示。连接的方法是:从上一个模块的连线点开始按住左键不放,拉至下一个连接模块的连线点释放,自动生成箭头。

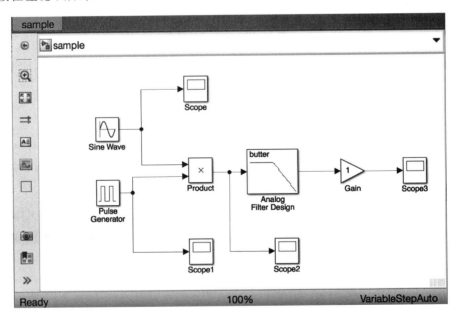

图 2-16　连接各模块示意图

④ 设置仿真参数。

⑤ 单击 Run 运行按钮进行仿真分析,在仿真的同时,可以观察仿真结果,如果发现错误,可以立即单击 Stop 按钮停止仿真,对参数进行修正,调整满意后,将模型保存为 *.slx 文件。

## 2.4 MATLAB/Simulink 在通信仿真中的应用

MATLAB R2016b 为用户提供了专业的通信系统工具箱 Communications System Toolbox,工具箱提供可用于通信系统分析、设计、点对点仿真及验证的算法和应用。使用该工具箱中的算法（包括信道编码、调制、MIMO 和 OFDM）,可以组建系统的物理层模型、仿真模型并测量其性能。通信系统工具箱提供星座图和眼图、误码率以及其他分析工具和示波器以验证设计。这些工具可用于分析信号,实现信道特征可视化和获取误差矢量幅度（EVM）等性能指标。信道、RF 损伤模型和补偿算法（包括载波和符号定时同步器）可以对链路级设计规范进行真实的建模并补偿信道衰落效应。通过使用 Communications System Toolbox 硬件支持包,可以将发射机和接收机模型连接到外部无线电设备并使用无线测试验证设计。该系统工具箱支持定点运算和 C 或 HDL 代码生成。

Simulink 8.8 中提供了通信系统的建模、仿真和分析优化的 Simulink 专业库——Communications System Toolbox。库中包含 15 个子库,近 350 个模块,如图 2-17 所示。该模块库提供了完整的模拟/数字通信系统建模、仿真和分析优化图形所需的模块。可用于通信系统中从信源到信道,包括编码、调制、发射、接收等各个部分的建模和仿真分析。

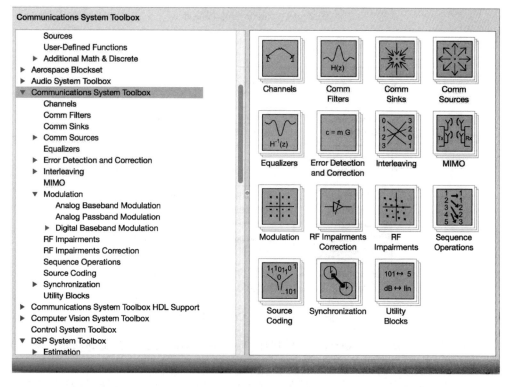

图 2-17  Communications Blockset

主要子库的功能如下：

① Comm Sources 模块库,提供多种信号源。这些模块分为三类：随机数据源模块、序列生成模块和基带信号读取模块,见图 2-18。

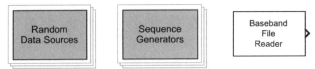

图 2-18　Comm Sources 模块库

② Comm Sink 模块库，提供 4 个信宿模块，用于基带信号写入文件、绘制信号的眼图、发散图和轨迹图，计算误码率，见图 2-19。

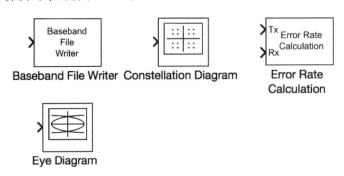

图 2-19　Comm Sink 模块库

③ Source Coding 模块库，提供信源量化、编码的模块，见图 2-20。

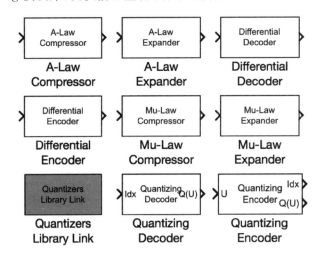

图 2-20　Source Coding 模块库

④ Error Detection and Correction 模块库，提供信道编码的差错控制和纠错模块。

⑤ Interleaving 模块库，提供各种实现信号交织功能的模块。

⑥ Modulation 模块库，提供实现信号调制解调的模块，分成模拟基带、频带调制和数字基带调制三个子库，数字基带调制子库包含 AM、CPM、FM、OFDM、PM、TCM 六种调制的模块，见图 2-21。

⑦ Comm Filters 模块库，提供滤波器模块。

⑧ Channels 模块库，提供了 5 种常见的信道模块：AWGN 信道模块、二进制对称信道模

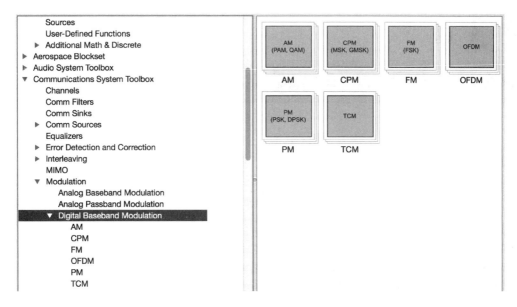

图 2-21 Modulation 模块库

块、MIMO 信道、多径瑞利衰落信道模块和伦琴衰落信道模块,见图 2-22。

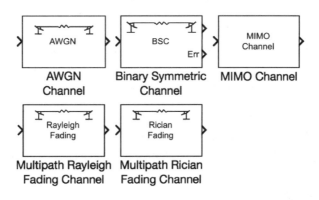

图 2-22 Channels 模块库

⑨ RF Impairments 模块库,对射频信号的各种衰落进行仿真。

⑩ Synchronization 模块库,提供 4 种锁相环模块、2 种压控振荡模块、3 种信号偏差补偿模块、1 个检测模块,以对信号同步功能进行仿真。

⑪ Equalizers 模块库,提供多种均衡器模块。

⑫ Sequence Operation 模块库,提供顺序运行模块。

⑬ Utility Blocks 模块库,提供了 12 种常用的转换函数模块。

在后面的章节中,将结合实例介绍通信系统工具箱中部分模块、函数的使用。

# 第 3 章
# MATLAB 计算和可视化

在工程领域中会涉及大量的数学运算,对于比较复杂的数学运算问题,如求解微分方程组、复杂的积分变换等,很多时候手工计算几乎是不可能的,使用一般的计算机语言编程计算也往往显得繁琐而且容易出错。在这种情况下,如果有一款可以简单、迅速、准确地进行复杂数学运算的软件,必将为工作和学习带来极大的便利。而 MATLAB 正是这样一款软件,它优秀的符号运算功能将会成为进行数学运算时的一种得力工具。

**案例一**:高阶动态电路的分析与设计。高阶动态电路是在电路分析、模拟电路等课程中经常遇到的电路形式,对于它们的分析与设计,传统的办法是通过高阶微分方程(组)来描述和分析。但在求解的过程中,一般都比较复杂,甚至对于有的高阶方程来说,手工求解几无可能。但如果能利用 MATLAB 软件的符号运算功能,通过简短的程序代码进行运算,不仅能够避免电路分析中复杂微分方程(组)的手工求解,而且计算准确,可收到事半功倍的效果。

**案例二**:信号的时域与频域分析。在进行信号分析时,信号的时域与频域特性是最为核心的内容。对于二者的分析,一般采用傅里叶变换与逆变换、拉普拉斯(Laplace)变换与逆变换等一些复杂的积分运算,而进行这些运算往往是很让人头疼的事,不仅麻烦且易出错。MATLAB 的符号运算功能则会让这件事情变得非常简单。

采用 MATLAB 的符号运算功能处理一些比较复杂的数学问题,往往能用短短的几行程序代码来代替一个复杂的运算过程,使得问题的解决变得简单轻松且不易出错。所以 MATLAB 是一种很好的数学运算工具,掌握它的计算功能,将会给工作和学习带来极大的便利。

## 3.1 符号计算基础

在进行符号运算之前,首先要定义基本的符号变量,然后利用这些变量构成符号表达式,进行所需的符号运算。

创建符号变量和表达式有两个基本指令:sym 和 syms。sym 函数用来创建单个符号变量,一般调用格式为

$$a = sym('x')$$

该指令用来创建一个符号变量 x,x 可以是字符、字符串、表达式或字符表达式。

【例 3-1】 使用 sym 函数创建符号变量。

```
a = sym('x')
b = sym('matlab')
```

```
c = sym('(1 + sqrt(3))/2')
y = sym('x^3 + 2*x^2 + 3*x + 4')
a =
a
b =
matlab
c =
(1 + sqrt(3))/2
y =
x^3 + 2*x^2 + 3*x + 4
```

需要说明的是：在符号运算中，如果事先没有对表达式中的独立符号变量进行定义，则系统将会自动检查哪些字符是软件的符号函数，哪些是变量符号，且总把在英文字母表中离 x 最近的字母默认为独立符号变量。

**【例 3-2】** 使用 sym 指令创建符号矩阵。

```
A = sym('[a ,2*b ; 3*c , 4]')
A =
[   a, 2*b]
[ 3*c,   4]
```

这就完成了一个简单符号矩阵的创建。但需要注意的是，MATLAB 中符号矩阵每一行的两端都有方括号，这是与数值矩阵的一个重要区别。

由于函数 sym 一次只能定义一个符号变量，使用不太方便，MATLAB 提供了另一个函数 syms，它一次可以定义多个符号变量。syms 函数的一般调用格式为

$$syms('a','b','c',\cdots)$$

或直接简写为

$$syms\ a\ b\ c\ \cdots$$

**【例 3-3】** 使用 syms 函数定义符号变量。

```
syms a b c x
f = sym('a*x^2 + b*x + c')
f =
a*x^2 + b*x + c
g = f^2 + 4*f - 2
g =
(a*x^2+b*x+c)^2+4*a*x^2+4*b*x+4*c-2
```

**注意**：使用这种简写形式定义符号变量时，各个变量要用空格来进行分隔，而不能使用逗号或分号等。例如"syms a,b,c,x"则为错误的格式。

## 3.2 矩阵及线性代数方程组的求解

矩阵是经常遇到的一种数学形式，在计算机科学、通信技术、信号处理等很多领域都有广

泛的应用。本节主要讲述符号矩阵及线性代数方程组的求解。

### 3.2.1 符号矩阵的创建

符号矩阵的创建比较简单,常用的方法有2种。

**1. 使用 sym 函数直接创建符号矩阵**

在这种方法中,逐个输入各元素时,应用空格或",",把各元素分隔开,换行的位置则用";"表示。

【例 3-4】 使用 sym 函数直接创建符号矩阵。

```
A = sym('[1 2 3 4;1/5 1/6 1/7 1/8;60 70 80 90;a b c d]')
A =
[  1,   2,   3,   4]
[1/5, 1/6, 1/7, 1/8]
[ 60,  70,  80,  90]
[  a,   b,   c,   d]
```

**2. 用子矩阵创建符号矩阵**

这种方法是指首先创建出符号矩阵中的子矩阵,再利用这些子矩阵组合成所需矩阵。需要注意的是:创建子矩阵时,要保证各子矩阵相对应的各列长度一致。

【例 3-5】 用子矩阵创建符号矩阵。

```
B = ['[a   ,b   ,c   ]';'[100,200 ,300]';'[3 * x,cos(y),1/z]']
B =
[a   ,b   ,c  ]
[100,200 ,300]
[3 * x,cos(y),1/z]
```

在上面的例子中可以看到,3 个子矩阵的第 1 列长度都为 3 个符号长度,长度不足的部分用空格符补足。例如,第 1 个子矩阵中元素 a 后还须添加两个空格符,以保证各子矩阵相对应的列长度一致。第 2 列、第 3 列也是如此。

### 3.2.2 符号矩阵的运算

符号矩阵的常用运算形式有四则运算、逆运算、幂运算、求秩和求行列式值等,在 MATLAB 中,这些运算的指令都很简单。下面通过几个例子对上述运算分别进行介绍。

【例 3-6】 符号矩阵的四则运算。

```
A = sym('[1 2 3 4;1/5 1/6 1/7 1/8;60 70 80 90;a b c d]');
B = sym('[1 3 5 7;2 4 6 8;x x^2 y y^2;a b c d]');
C = A + B
C =
[      2,     5,     8,    11]
[   11/5, 25/6,  43/7,  65/8]
[ 60 + x, 70 + x^2, 80 + y, 90 + y^2]
```

```
            [    2*a,      2*b,      2*c,     2*d]
D = A - B
D =
            [      0,       -1,       -2,      -3]
            [   -9/5,    -23/6,    -41/7,   -63/8]
            [ 60-x, 70-x^2, 80-y, 90-y^2]
            [      0,        0,        0,       0]
E = A*B
E =
[ 5+3*x+4*a,        11+3*x^2+4*b,      17+3*y+4*c,       23+3*y^2+4*d]
[8/15+1/7*x+1/8*a,19/15+1/7*x^2+1/8*b,2+1/7*y+1/8*c,41/15+1/7*y^2+1/8*d]
[ 200+80*x+90*a,   460+80*x^2+90*b, 720+80*y+90*c,980+80*y^2+90*d]
[ a+2*b+c*x+d*a,3*a+4*b+c*x^2+d*b,5*a+6*b+c*y+d*c,7*a+8*b+c*y^2
+d^2]
```

**【例 3-7】** 求符号矩阵的行列式值、特征根、逆运算和秩。

```
syms x y;
A = [1 2;x y];
D = det(A)                  %求矩阵 A 的行列式值
D =
y - 2*x
I = inv(A)                  %求矩阵 A 的逆矩阵
I =
[ -y/(-y+2*x),   2/(-y+2*x)]
[  x/(-y+2*x),  -1/(-y+2*x)]
E = eig(A)                  %求矩阵 A 的特征根
E =
1/2+1/2*y+1/2*(1-2*y+y^2+8*x)^(1/2)
1/2+1/2*y-1/2*(1-2*y+y^2+8*x)^(1/2)
R = rank(A)                 %求矩阵 A 的秩
R =
2
```

## 3.2.3 代数方程组的求解

代数方程组通常分为线性方程组和非线性方程组。先来说明线性方程组符号解的求解过程。

**1. 线性方程组的解**

矩阵计算是求解线性方程组的一种简便有效的方法。在 MATLAB 和相应的 Symbolic Toolbox 中，不管数据对象是数值还是符号，实现矩阵运算的指令形式几乎完全相同。因此，对于线性方程组符号解的问题，可以套用求数值解的指令编写方法进行求解。

**【例 3-8】** 求线性方程组 $a+b-c-d=0, a+\dfrac{b}{2}+\dfrac{c}{3}+\dfrac{d}{4}=12, \dfrac{a}{4}-b+c=6, \dfrac{a}{2}-c-d=-6$ 的解。

为便于观察,先把方程组写成矩阵形式

$$\begin{bmatrix} 1 & 1 & -1 & -1 \\ 1 & \dfrac{1}{2} & \dfrac{1}{3} & \dfrac{1}{4} \\ \dfrac{1}{4} & -1 & 1 & 0 \\ \dfrac{1}{2} & 0 & -1 & -1 \end{bmatrix} \cdot \begin{bmatrix} a \\ b \\ c \\ d \end{bmatrix} = \begin{bmatrix} 0 \\ 12 \\ 6 \\ -6 \end{bmatrix}$$

上式可简记为 AX=B 的形式,相应的运算指令如下:

```
A = sym([1 1 -1 -1;1 1/2 1/3 1/4;1/4 -1 1 0;1/2 0 -1 -1]);
B = sym([0;12;6;-6]);
X = A\B                    % 矩阵 B 除以矩阵 A
X =
8
2
6
4
```

即方程组的解为 $a=8,b=2,c=6,d=4$。

**2. 非线性方程组的解**

对于非线性方程组,通常使用 solve 指令来进行求解,一般调用格式如下:

S=solve('e1','e2',…,'en','s1','s2',…'sn')

在该指令中,"'e1','e2',…,'en'"是字符串表达的方程组或字符串表达式,"'s1','s2',…'sn'"是字符串表达的求解变量名,S 是一个构架数组,如果要显示求解结果,需要采用"S.s1, S.s2,…,S.sn"的援引方式。下面通过一个例子来进行说明。

【例 3-9】 求方程组 $a^2x+by+c=0,x+y+a+b+c=0$ 关于 $x$、$y$ 的解。

```
S = solve('a^2*x+b*y+c=0','x+y+a+b+c=0','x','y');
S.x                        % 显示 x 的解
ans =
(c*b-c+a*b+b^2)/(-b+a^2)
S.y                        % 显示 y 的解
ans =
-(a^2*c-c+a^3+a^2*b)/(-b+a^2)
```

## 3.3 函数的极限及微积分运算

### 3.3.1 函数求极限

函数求极限是一种常用的数学运算。MATLAB 中使用 limit 指令来求符号函数的极限值,其调用格式为 limit(f, x, a)或 limit(f, x, a, 's')。limit(f, x, a)指令表示对符号函数 f

求其变量 x 趋于 a 时的极限值,对于只含独立变量 x 的函数 f 而言,x 是可以省略的;但对于含多个变量的函数,x 通常是不可以省略的,如果省略,则计算机按排序规则对离 x 最近的第一个变量求极限。limit(f, x, a, 's')指令中,当 s 赋值为 right 时,表示求函数 f 在 a 点的右极限;s 赋值为 left 时,表示求函数 f 在 a 点的左极限。

【例 3-10】 符号函数求极限。

```
syms x a b c;
f1 = sin(x)/(x^3 + 3*x);
limit(f1,x,0)
ans =
1/3
limit(f1,0)
ans =
1/3
limit(1/x,x,0,'right')
ans =
Inf                          % 函数的极限为无穷大
limit(1/x,x,0,'left')
ans =
-Inf                         % 函数的极限为负无穷大
f2 = a^2 + a*b + b*c;
findsym(f2,3)
ans =
c,b,a                        % 3 个变量的排序顺序
limit(f2,a,1)                % 自定义 a 为自变量
ans =
1 + b + b*c
limit(f2,c,1)                % 定义 c 为自变量
ans =
a^2 + a*b + b
limit(f2,1)                  % 在没有定义自变量的情况下,默认排序离 x 最近的 c 为自变量
ans =
a^2 + a*b + b
f3 = (1 + 2*a/x)^(3*x);
limit(f3,x,inf)              % 求 x 趋于无穷大时 f3 的极限
ans =
exp(6*a)
```

## 3.3.2 微分与 Jacobian 矩阵

在高等数学中,求函数的导数、偏导数和多元向量函数的 Jacobian 矩阵是很重要的一部分内容。MATLAB 中实现这两种运算的指令格式分别为 diff(f, v, n) 和 jacobian(f, v)。diff(f, v, n)的含义是求函数 f 对 v 的 n 阶导数,v 省略时默认为 f 对 x 求导,n 省略时默认为

n=1,即求一阶导数;jacobian(f,v)的含义是求多元向量函数f的Jacobian矩阵。需要说明的是：如果f是矩阵，则求导运算将对矩阵中的元素逐个进行。

**【例 3-11】** 使用 diff 指令求函数的导数。

```
syms x  y;
f1 = x^4 + 2*x^2 + 3*x + 4;
diff(f1)                    % 求 f1 的导数 df1/dx
ans =
4*x^3 + 4*x + 3
f2 = sin(x^4);
diff(f2,3)                  % 求 f2 的三阶导数 df2/dx^3
ans =
-64*cos(x^4)*x^9 - 144*sin(x^4)*x^5 + 24*cos(x^4)*x
f3 = [x,y^2;x*sin(y),exp(-x)*log(y)];
dfdx = diff(f3)
dfdx =
[     1,               0]
[ sin(y),  -exp(-x)*log(y)]
dfdx2 = diff(f3,x,2)
dfdx2 =
[  0,               0]
[  0,  exp(-x)*log(y)]
dfdxdy = diff(diff(f3,x),y)
dfdxdy =
[   0,           0]
[ cos(y),   -exp(-x)/y]
```

**【例 3-12】** 求多元向量函数的 Jacobian 矩阵。

```
syms x y;
f = [x^2 + y^2;sin(x)*log(y);x*exp(-y)];
jacobian(f,[x y])
ans =
[        2*x,            2*y]
[ cos(x)*log(y),      sin(x)/y]
[     exp(-y),       -x*exp(-y)]
```

### 3.3.3 积分运算

积分运算是非常重要的一种数学运算，在工程上的应用十分广泛。MATLAB 中的符号积分指令简单，适应性强，只是运算时间有时可能较长。符号积分指令的调用格式为 int(f,v) 和 int(f,v,a,b)，前者用来计算函数 f 对变量 v 的不定积分，后者用来计算函数 f 对变量 v 的定积分，其中 a,b 分别为积分的下、上限。顺便指出：和符号微分一样，如果 f 是矩阵，则积分运算将对矩阵中的元素逐个进行。

**【例 3-13】** 使用 int 指令求函数的积分。

```
syms x u t;
int((x+sin(x))/(1+cos(x)))          %求不定积分 ∫(x+sinx)/(1+cosx)
ans =
x * tan(1/2 * x)
int(cos(x) * exp(x),0,1)            %求定积分 ∫₀¹ eˣcosx
ans =
1/2 * cos(1) * exp(1) + 1/2 * exp(1) * sin(1) - 1/2
int(u * sin(x),x,1,sin(t))
ans =
-u * cos(sin(t)) + u * cos(1)
f = [u * x^2,t * sin(x);2 * x,x * exp(x)];
int(f)
ans =
[      1/3 * u * x^3,              -t * cos(x)]
[               x^2, x * exp(x) - exp(x)]
```

### 3.3.4 微分方程(组)的求解

求解符号微分方程(组)最常用的调用格式如下：

$$S = \text{dsolve}('e1, e2, \cdots', 'c1, c2\cdots', 'v')$$

指令中 e 表示微分方程, c 表示初始条件或边界条件, v 表示指定的独立变量。其中微分方程是必不可少的输入内容, 初始条件和独立变量是否省略可视需要而定。需要指出的是：如果没有对独立变量进行定义, 则默认小写字母 $t$ 为独立变量。

对于微分方程和初始条件的输入有如下的格式：当 $y$ 是"应变量"时, 用 D$ny$ 表示"$y$ 的 $n$ 阶导数"。例如 D$y$ 就表示 $\dfrac{\mathrm{d}y}{\mathrm{d}t}$, 即 $y$ 对 $t$ 的一阶导数；D$ny$ 则表示 $\dfrac{\mathrm{d}^n y}{\mathrm{d}t^n}$, 即 $y$ 对 $t$ 的 $n$ 阶导数。初始条件或边界条件要写成 $y(a)=b$ 和 D$y(c)=d$ 的形式, $a$、$b$、$c$、$d$ 可以是变量符号以外的其他字符。当初始条件少于微分方程数时, 在所得解中将出现任意常数符, 其数目等于所缺少的初始条件数。

**【例 3-14】** 求解微分方程组 $\dfrac{\mathrm{d}y}{\mathrm{d}t}=x, \dfrac{\mathrm{d}x}{\mathrm{d}t}=-2y$。

```
S = dsolve('Dy = x,Dx = -2 * y');
disp('y = ');disp(S.y)
y =
C1 * sin(2^(1/2) * t) + C2 * cos(2^(1/2) * t)
disp('x = ');disp(S.x)
x =
2^(1/2) * (cos(2^(1/2) * t) * C1 - C2 * sin(2^(1/2) * t))
```

【例 3-15】 求解微分方程 $xy''+y'=x^{\frac{1}{2}}$,其中边值条件为 $y(1)=1,y(2)=2$。

```
y = dsolve('x * D2y + Dy = x^(1/2)','y(1) = 1,y(2) = 2','x')
y =
4/9 * x^(3/2) - 1/9 * (8 * 2^(1/2) - 13)/log(2) * log(x) + 5/9
```

【例 3-16】 已知微分方程组如下:

$$\begin{cases} \dfrac{dx}{dt}+3x-y=0 \\ \dfrac{dy}{dt}-8x+y=0 \end{cases}$$

边值条件为 $x|_{t=0}=1,y|_{t=0}=4$,求解此方程组。

```
S = dsolve('Dx + 3 * x - y = 0,Dy - 8 * x + y = 0','x(0) = 1,y(0) = 4');
S.x                              % 显示 x 的解
ans =
exp(t)
S.y                              % 显示 y 的解
ans =
4 * exp(t)
```

## 3.4 用 MATLAB 绘制二维图形

视觉是人们感受世界、认识自然最重要的途径之一。图形作为一种视觉对象,可以把很多复杂抽象的事物或结果直观地显示出来。通过图形,可以从一些杂乱的数据中观察到数据间的内在关系,感受由图形所传递的内在本质,从而为分析和判断提供重要的依据。MATLAB软件非常注重数据的图形表示,并不断地采用新技术改进和完善其可视化功能,图形绘制也因此成为 MATLAB 的特色之一。MATLAB 的绘制功能不仅包含常规性的数据、函数显示,也包含丰富的图形、图像的高级操作和处理功能,能为图形、图像的分析带来极大的便利。

### 3.4.1 MATLAB 图形绘制的基本步骤

在 MATLAB 中,一般按照下述的几个步骤绘制图形。而关于绘图中的细节问题,将在随后各节中具体介绍。

① 准备需要绘制的数据或函数,常用的典型指令如下:

```
x = 0:0.1:10;
y1 = bessel(1,x);
y2 = bessel(2,x);
y3 = bessel(3,x);
```

② 选择图形输出的窗口及其位置,常用的典型指令如下:

```
figure(1)
subplot(m,n,k)
```

③ 调用基本的绘图函数,常用的典型指令如下:

```
plot(x,y1,x,y2,x,y3)
plot3(x,y,z,'r :')
```

④ 设置坐标轴的范围、标记号和网格线,常用的典型指令如下:

```
axis([0,10,-3,3])
axis([x1,x2,y1,y2,z1,z2])
grid on
```

⑤ 用名称、图例、坐标名、文本等对图形进行注释,常用的典型指令如下:

```
xlabel('x')
ylabel('y')
title('图 1')
text(1,1,'y = f(x)')
```

⑥ 打印输出图形,常用的典型指令如下:

```
print - dps2
```

在上述步骤中,①、③是最基本、最常用的绘图步骤。一般情况下,由这两步所画出的图形已经具备足够的表现力,至于其他步骤,并不完全必需。步骤②一般在图形较多的情况下使用,如要把几个图放到一起进行比较,此时可根据所作图形的个数对 subplot(m,n,k)指令中的 m、n 进行赋值。例如 subplot(2,3,1),其含义是在图形界面上能同时显示 2 行 3 列共计 6 个图,所作图形为这 6 个图中的第一个(显示在第 1 行第 1 列)。步骤④、⑤的前后次序可按照指令的常用程度和复杂程度编排,用户可根据自己的需要改变前后次序。

## 3.4.2 MATLAB 基本绘图命令

MATLAB 提供了大量的指令用于将矢量数据以曲线图形的方式进行显示以及这些曲线图形的注释和打印。表 3-1 对 MATLAB 中用于绘制曲线图形的基本指令进行简单的介绍,其具体用法将在后面几节中结合例题进行说明。

表 3-1 基本绘图指令

| 指令名 | 功能描述 |
| --- | --- |
| plot | 在 $x$ 轴和 $y$ 轴都按线性比例绘制二维图形 |
| plot3 | 在 $x$ 轴、$y$ 轴和 $z$ 轴都按线性比例绘制三维图形 |
| loglog | 在 $x$ 轴和 $y$ 轴按对数比例绘制二维图形 |
| semilogx | 在 $x$ 轴按对数比例、$y$ 轴按线性比例绘制二维图形 |
| semilogy | 在 $y$ 轴按对数比例、$x$ 轴按线性比例绘制二维图形 |
| plotyy | 绘制双 $y$ 轴图形 |

以上指令都是绘图过程中经常遇到的,下面对这些指令的调用格式进行说明。
① plot 指令的常用调用格式如下:

```
plot(y,'s')
plot(x,y,'s')
plot(x1,y1,'s1',x2,y2,'s2')
h=plot(…)
```

其中参数 s 是用来指定线型、色彩、数据点型的选项字符串。当它省略时,图形中的线型、色彩等将由 MATLAB 的默认设置确定。

② plot3 指令的常用调用格式如下:

```
plot3(x,y,z,'s')
plot3(x1,y1,z1,'s1',x2,y2,z2,'s2',…)
h=plot3(…)
```

③ loglog、semilogx、semilogy 函数的常用调用格式。

这 3 个指令的调用格式与 plot 指令的格式相同,只不过显示的坐标轴比例不同。

④ plotyy 指令的常用调用格式如下:

```
plotyy(x1,y1,x2,y2)
plotyy(x1,y1,x2,y2,'f')
plotyy(x1,y1,x2,y2,'f1','f2')
```

指令中出现的参数 f、f1、f2 等代表绘制数据的方式,可选 plot、semilogx、semilogy、loglog 等不同的形式。

### 3.4.3 二维图形的创建及曲线颜色、线型、数据点型设置

通过一个简单的例子来引入图形的创建过程。

【例 3-17】 绘制正弦函数 $y=\sin(x)$ 的曲线。

```
x = 0:0.01:10;          % 定义采样向量,采样点步长为 0.01,共计 101 个
y = sin(x);
plot(x,y)               % 在二维坐标轴中按线性比例绘制二维图形
```

运行后结果如图 3-1 所示。

有时为了便于观察,可以在图形上加上网格,此时只需在上例程序后加上 grid on 即可。

```
x = 0:0.01:10;
y = sin(x);
plot(x,y)
grid on
```

运行后结果如图 3-2 所示。

【例 3-18】 在一个图形窗口中绘制多条函数曲线。

```
x = 0:0.01:10;
y1 = sin(x);
y2 = x.*sin(x);         % y2 = xsinx
y3 = exp(2*cos(x));     % y3 = e^{2cosx}
plot(x,y1,x,y2,x,y3)
```

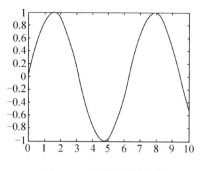

图3-1 正弦函数图形

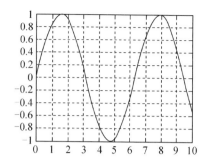

图3-2 带网格的正弦函数图形

运行后结果如图3-3所示。

虽然MATLAB会自动为每条曲线赋予不同的颜色以示区别,但有时却很难判断曲线和函数的对应关系,可以通过两种方法来解决这个问题。第一种方法是把这些曲线在同一个绘图窗口的不同区域分别显示。将例3-18程序修改如下:

```
x = 0:0.01:10;
y1 = sin(x);
y2 = x.*sin(x);
y3 = exp(2*cos(x));
subplot(2,2,1),plot(x,y1)        %在第1个子图中显示y1
subplot(2,2,2),plot(x,y2)        %在第2个子图中显示y2
subplot(2,2,3),plot(x,y3)        %在第3个子图中显示y3
```

运行后结果如图3-4所示。程序中"subplot(2,2,3),plot(x,y3)"的含义是把绘图窗口划分成2行2列共4个区域(可同时显示4个子图),把$y3$显示在第2行第1列,即第3个子图的位置。此时,可以方便地区分$y1$、$y2$、$y3$并观察它们的形状。

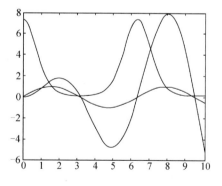

图3-3 同一个窗口中绘制多条曲线

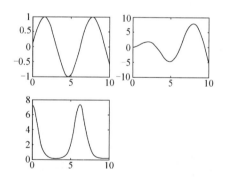

图3-4 不同曲线显示在绘图窗口的不同区域

第二种方法是通过自定义曲线的颜色、线型等来区别不同的曲线。将例3-18程序的最后一句修改如下:

```
plot(x,y1,'r:',x,y2,'g--',x,y3,'b-.')
```

运行后结果如图3-5所示。

在图 3-5 中,用红色的虚线(在程序中用 r:表示)表示函数 $y1$,用绿色的双画线(在程序中用 g－－表示)表示函数 $y2$,用蓝色的点画线(在程序中用 b－.表示)表示 $y3$。这样就能方便地区分同一窗口中不同的曲线。

此外,还可以在不同的函数曲线上标注不同的数据点型以观察数据点。如将例 3-18 程序的第一句及最后一句修改如下:

```
x = 0:0.2:10;
plot(x,y1,'r:+',x,y2,'g--d',x,y3,'b-.o')
```

修改第一句的目的是增加数据取值步长,以便观察数据点。

运行后结果如图 3-6 所示。

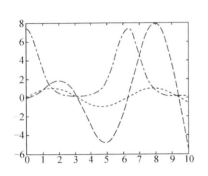

图 3-5 用不同的颜色、线型区分不同的曲线

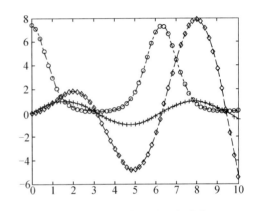

图 3-6 带数据点型的函数曲线图

在图 3-6 中,$y1$ 上的数据点用加号表示,$y2$ 上的数据点用菱形表示,$y3$ 上的数据点用圆形表示。

下面通过表 3-2 对 MATLAB 中的颜色、线型和数据点型进行归纳。

表 3-2 MATLAB 中颜色、线型和数据点型的设置

| 颜色 | 符号 | b | c | g | k | m | r | w | y |
|---|---|---|---|---|---|---|---|---|---|
| | 含义 | 蓝 | 青 | 绿 | 黑 | 紫 | 红 | 白 | 黄 |
| 线型 | 符号 | － | | －－ | | －. | | : | |
| | 含义 | 实线(默认值) | | 双画线 | | 点画线 | | 虚线 | |
| 数据点型 | 符号 | . | + | * | < | > | ∧ | ∨ | |
| | 含义 | 黑点 | 加号 | 乘号 | 左三角 | 右三角 | 上三角 | 下三角 | |
| | 符号 | d | h | o | p | s | x | | |
| | 含义 | 菱形 | 六角星 | 空心圆 | 五角星 | 方块 | 叉号 | | |

### 3.4.4 二维图形的标注

MATLAB 提供了很多指令用于对图形进行标注,以明确图形及图形中一些参数或数据点的含义。把其中常用的一些指令进行归纳,具体见表 3-3。

表 3-3 图形标注指令

| 指　　令 | 功能描述 |
|---|---|
| title | 为图形添加标题 |
| xlabel | 为轴添加标签 |
| ylabel | 为轴添加标签 |
| legend | 向现有图形添加图例 |
| text | 在图形的指定位置添加文本 |
| gtext | 用鼠标将文本放置在图形中 |

下面通过一些例子来说明表 3-3 所列中各指令的功能。

【例 3-19】 坐标轴及标题的标注。

```
x = -10:0.1:10;           % 定义图形的横轴坐标范围及采样步长
x = x + (x == 0) * eps;   % 用一个"机器 0"小数代替 0
y = sin(x)./x;            % 用可逻辑运算的 sin(esp)/esp 近似代替 sin(0)/0 的极限
plot(x,y)
xlabel('x')               % 在 x 轴上标注 x
ylabel('y = sinx/x')      % 在 y 轴上标注 y = sinx/x
title('门函数的频谱')      % 在图形上方添加标题
```

运行后结果如图 3-7 所示。**注**：书中仿真图形中的变量未按国标进行修改,均保留原样。后面不再一一标注。

【例 3-20】 在图形中添加文本字符串。

```
x = 0:0.1:10;
y = sin(x);
plot(x,y)
xlabel('x')
ylabel('y = sinx')

text(0,sin(0),'\leftarrowsin(x) = 0')              % 在指定位置添加左箭头及字符串
text(3 * pi/4,sin(3 * pi/4),'\rightarrowsin(x) = 0.707')
text(7 * pi/4,sin(7 * pi/4),'\leftarrowsin(x) = -0.707')
```

运行后结果如图 3-8 所示。

如果在不要求精确定位的情况下对图形进行标注,还可以使用 gtext 指令实现以交互的方式将标注字符串放置在图形中。例如在图 3-1 中的正弦曲线上执行下面的指令:

```
gtext('第一个零点')
gtext('第二个零点')
gtext('第三个零点')
```

按回车键后打开图形窗口,当光标进入图形窗口时,会变成一个大"十"字,表明系统正在等待用户的动作。单击想要加入标注的地方即可。

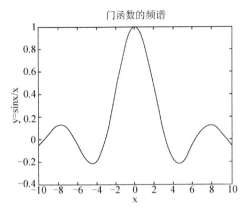

图 3-7 坐标轴及标题的标注

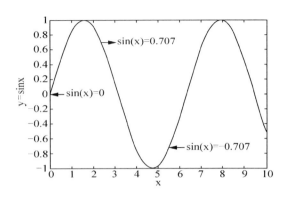

图 3-8 在图形中添加文本字符串

图形添加标注后如图 3-9 所示。

【例 3-21】 图形的图例标注。

```
x = linspace(0,2 * pi,50);
y1 = cos(x);
y2 = sin(x);
plot(x,y1,x,y2)
xlabel('x 的取值范围')
ylabel('y1 和 y2 的值')
legend(' y1 = cos(x)',' y2 = sin(x)')
```

运行结果如图 3-10 所示。

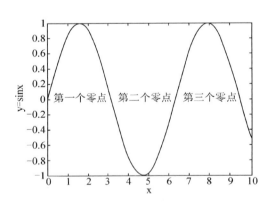

图 3-9 使用光标在图形上添加标注

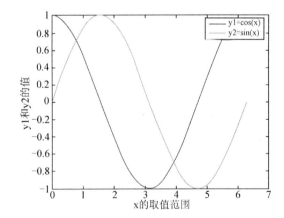

图 3-10 在图形中进行图例标注

## 3.4.5 几种特殊二维图形的绘制

**1. 对数、半对数坐标轴图形的绘制**

有时,需要的函数可能在两个坐标轴或某个坐标轴上有较大的取值范围,这时可以通过

loglog、semilogx、semilogy 等指令在 $x$ 轴和(或)$y$ 轴按对数比例绘制二维图形。

【例 3 - 22】 对数、半对数坐标轴图形的绘制。

```
x = 0:0.1:10;
y = exp(x);
subplot(1,3,1)            % 显示在第 1 个子图上
plot(x,y)
subplot(1,3,2)
loglog(x,y)               % 在 x 轴和 y 轴都按对数比例绘制图形
subplot(1,3,3)
semilogy(x,y)             % 在 x 轴按线性比例、y 轴按对数比例绘制二维图形
```

运行后结果如图 3 - 11 所示。

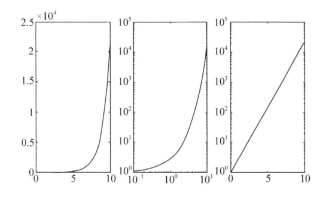

图 3 - 11   在不同的比例坐标轴下同一个函数的曲线比较

**2. 极坐标图的绘制**

极坐标也是一种常用的坐标形式,在有些场合使用起来非常方便。极坐标图的绘制使用的指令是 polar,其调用格式为 polar(theta,rho,linespec),即用极角 theta 和极径 rho 画出极坐标图形,参量 linespec 则可以指定极坐标图中线条的线型、标记符号和颜色等。

【例 3 - 23】 极坐标图的绘制。

```
x = 0:0.01:2 * pi;
polar(x,sin(2 * x). * cos(2 * x),'r:')
title('八瓣玫瑰图')
```

运行后结果如图 3 - 12 所示。

**3. 二维条形图的绘制**

在 MATLAB 中,用指令 bar 和 barh 来绘制二维条形图,其中指令 bar 用来绘制垂直条形图,barh 用来绘制水平条形图。指令的调用格式为 bar(x, y, width, 'style', linespec)或 barh(x, y, width, 'style', linespec),其中的参数 width 代表条形的宽度,当 width 的值大于 1 时,条形将会出现交叠,其默认值为 0.8;参数 style 用来定义条形的类型,可选值为 group 或 stack,其默认值为 group,如选 stack,则对 $m \times n$ 矩阵只绘制 $n$ 组条形,每组一个条形,且条形的高度为这一列中所有元素的和;参数 linespec 用来定义条形的颜色。

【例 3 - 24】 垂直条形图的绘制。

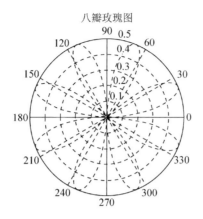

图 3-12　函数 $\rho = \sin(2\theta)\cos(2\theta)$ 的极坐标图

```
x = [1 2 3];              %定义条形的位置
y = [3 5 2;
     4 6 8;
     7 5 3];              %定义条形的高度
bar(x,y)
```

运行后结果如图 3-13 所示。

【例 3-25】　绘制一个二维水平且堆叠的条形图。

```
x = [1 2 3];
    y = [3 5 2;
         4 6 8;
         7 5 3];
    barh(x,y)
```

运行后结果如图 3-14 所示。

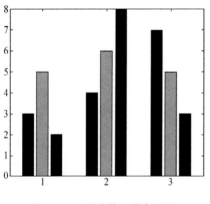
图 3-13　垂直的二维条形图

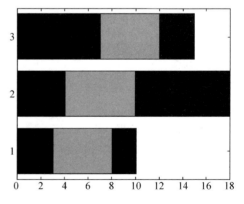
图 3-14　水平堆叠的条形图

### 4. 二维区域图的绘制

区域图的绘制使用 area 指令，该指令用于在图形窗口中显示一段曲线，该曲线可由一个矢量生成,也可由矩阵中的列生成(其实在 MATLAB 中,矢量是矩阵的一种特殊形式,即列数为 1 的矩阵就是矢量)。如果矩阵的列数大于 1,则 area 指令将矩阵中每一列的值都绘制为独立的曲线,并且对曲线之间和曲线与 $x$ 轴之间的区域进行填充。这种图形在 MATLAB 中就称为区域图。

【例 3-26】 根据矩阵数据来绘制区域图。

```
A = [1 2 3 4
    2 4 6 8
    3 5 7 3
    7 5 3 2
    6 3 2 1];
area(A)                          %绘制区域
set(gca,'xtick',1:5)             %设定 x 轴的标识
grid on                          %显示网格
set(gca,'layer','top')           %将网格显示在图形之上
```

运行后结果如图 3-15 所示。

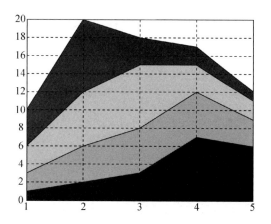

图 3-15 根据矩阵数据绘制的区域图

图 3-15 中包含 4 个区域,分别对应于矩阵 **A** 的 4 列数据。区域的高度对应矩阵中每一行元素之和。在绘制图形时,第 2 条曲线在第 1 条曲线的基础上绘制,第 3 条曲线在第 2 条曲线的基础上绘制,以此类推。

【例 3-27】 利用区域图进行数据集的比较。

```
sales = [30 40 55 79 62 81];
x = 2001:2006;
profits = [15.5 23.2 28.6 36.9 27.0 42.5];
area(x,sales,'facecolor',[0.5 0.9 0.6],'edgecolor',...
'b','linewidth',2)               %设置填充色、边界色和边界宽度
hold on
area(x,profits,'facecolor',[0.9 0.8 0.7],'edgecolor','r','linewidth',2)
```

```
hold off
set(gca,'xtick',[2001:2006])          % x轴为 2001~2006
xlabel('年份','fontsize',10)
ylabel('万元','fontsize',10)          % x轴标注字号为 10 号
gtext('成本')                          % 通过光标在图形上添加注释
gtext('利润')
gtext('\rightarrow 销售额')
```

运行后结果如图 3-16 所示。

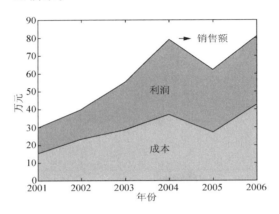

图 3-16 两个数据集的边界比较

**5. 二维饼图的绘制**

在 MATLAB 中,饼图用来显示矢量或矩阵中的每个元素在其所有总和中所占的百分比。绘制二维饼图的指令是 pie。

【例 3-28】 绘制一个二维饼图。

```
x = [5 8 10 6];
pie(x)
```

运行后结果如图 3-17 所示。

如果 x 中的元素的和小于 1,则绘制出来的就是一个不完整的饼图。例如:

```
x = [0.1 0.25 0.4 0.15];
pie(x)
```

运行后结果如图 3-18 所示。

【例 3-29】 绘制一个具有分离切片的二维饼图。

```
x = [1 2 3 4];
explode = [0 0 1 1];                  % 饼图中的第3、第4元素切片分离
pie(x,explode)
```

运行后结果如图 3-19 所示。

需要说明的是:指令 explode 中非零元素个数必须与 x 的维数相同,其中非零元素所对应的切片即为分离的切片。

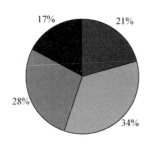
图 3-17 各元素按比例显示的饼图

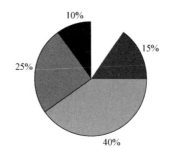
图 3-18 不完全饼图

【例 3-30】绘制带有标注的二维饼图。

```
x = [12.5 26.2 18.6
18.9 31.4 20.3
17.2 29.7 21.5
11.0 32.2 17.8];    % 用 3 列表示 3 种产业,用 4 行表示 4 个季度的产值
s = sum(x);                        % 对各列求和
labels = {'第一产业' '第二产业' '第三产业'};    % 饼图上 3 部分的标注
pie(s,labels)
```

运行后结果如图 3-20 所示。

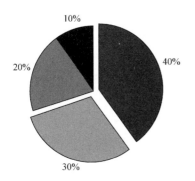
图 3-19 具有分离切片的二维饼图

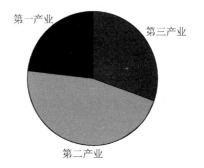
图 3-20 带有标注的二维饼图

**6. 离散数据的图形绘制**

离散数据的图形常见的有两种:枝干图和阶梯图。枝干图是将每个离散数据显示为末端带有标记符号的线条,所用指令是 stem。在二维枝干图中,枝干线条的起点在 $x$ 轴上。

【例 3-31】二维枝干图的绘制。

```
x1 = 0.5;x2 = 0.1;
t = 0:50;
y = sin(x1 * t). * exp( - x2 * t);
stem(t,y)
```

运行后结果如图 3-21 所示。

图 3-21 中的线型、颜色、数据点符号等都是 MATLAB 默认的。如果想自定义,则只需

在调用 stem 指令时添加相应参数即可。如将例 3-31 最后一句程序修改如下：

```
stem(t,y,':dr','fill')
```

它表示的含义为：枝干图的枝干设置为虚线(即程序中参数:)，数据点标识符设置为菱形(即程序中参数 d)，线条和标识符颜色设置为红色(即程序中参数 r)，且把标识符号填充为红色(即程序中参数 fill)。运行后结果如图 3-22 所示。

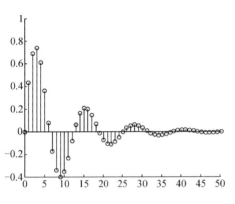

图 3-21 二维枝干图

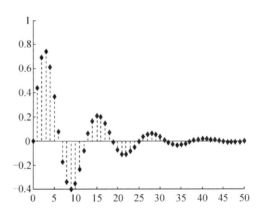

图 3-22 自定义的二维枝干图

另外一种常见的离散数据图形是阶梯图。阶梯图以一个恒定间隔的边沿显示数据点，绘制阶梯图所用的是 stairs 指令。

## 3.5 三维图形的绘制

### 3.5.1 三维图形的基本绘制方法

MATLAB 提供了丰富的函数来创建各种形式的三维图形。在 MATLAB 中，三维图形的绘制步骤及方法和前面介绍的二维图形差不多，只是一些绘图函数命令及图形修饰方法有所不同。三维图形绘制中比较常用的几个函数见表 3-4。

表 3-4  绘制三维图形的基本函数

| 函　　数 | 功能描述 |
| --- | --- |
| plot3 | 绘制以 $x$、$y$、$z$ 轴为坐标轴的三维曲线 |
| mesh | 绘制三维网线图 |
| surf | 绘制三维表面图 |
| meshc/surfc | 绘制带有轮廓线的网线/表面图 |
| meshz | 绘制带有遮帘线的表面图 |
| meshgrid | 生成插值数据网格 |

【例 3-32】 简单三维图形的绘制。

```
t = 0:pi/50:20 * pi;
x = sin(t);
y = cos(2 * t);
z = sin(t) + cos(t);
plot3(x,y,z,'- rd')          % 绘制的函数曲线为红色实线,数据点用菱形表示
```

运行后结果如图 3-23 所示。

【例 3-33】 绘制一个二元函数的表面图形。

```
[x,y] = meshgrid( - 8:0.5:8);
z = sqrt(x.^2 + y.^2) + eps;
f = sin(z)./z;
mesh(f)                      % 绘制由线框构成的表面图形
meshc(f)                     % 绘制带有轮廓线的表面图形
meshz(f)                     % 绘制带有遮帘线的表面图形
```

运行后结果如图 3-24~图 3-26 所示。

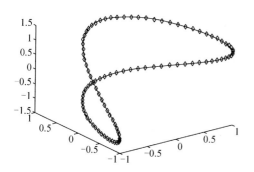

图 3-23  简单的三维图形

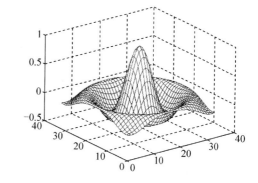

图 3-24  二元函数的表面图形

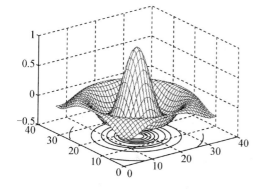

图 3-25  带有轮廓线的二元函数的表面图形

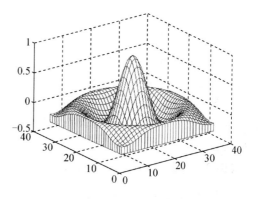

图 3-26  带有遮帘线的二元函数的表面图形

【例 3-34】 绘制一个以 Hadamard 矩阵表征的黑白相间的立体球。

```
m = 5;
n = 2^m - 1;
theta = pi * ( - n:2:n)/n;
phi = (pi/2) * ( - n:2:n)'/n;
x = cos(phi) * cos(theta);
y = cos(phi) * sin(theta);
z = sin(phi) * ones(size(theta));
f = hadamard(2^m);
surf(x,y,z,f)              % 绘制由多个小面构成的表面图形
axis square                % 图形区域设定为正方形
colormap([0 0 0;1 1 1])    % 将构成图形的小面着色为黑白相间
```

运行后结果如图 3-27 所示。

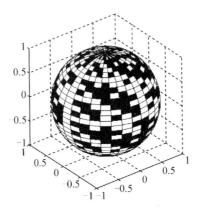

图 3-27 Hadamard 矩阵表征的立体球

通过 colormap 函数可以自定义图形的颜色,相关的具体内容会在 3.5.2 小节中讲到。

### 3.5.2 典型三维图形的绘制

**1. 三维条形图的绘制**

在 MATLAB 中,用指令 bar3 和 bar3h 分别来绘制三维垂直条形图和三维水平条形图。调用格式为 bar3(x, y, width, 'style', linespec) 和 bar3h(x, y, width, 'style', linespec)。与二维条形图不同的是,参数 style 还可取 detached,此时在 $x$ 轴方向的各个实心块是彼此分离的。另外需要说明的是:三维条形图各组的实心块是沿着 $y$ 轴分布的,而不同的组是沿着 $x$ 轴排列的。

【例 3-35】 绘制一个分离的垂直三维条形图。

```
x = [0.5 1.5 3];
y = [3 5 2
     4 8 5
     2 6 7];
bar3(x,y,'detached')
xlabel('x 轴')
```

```
ylabel('y轴')
zlabel('z轴')
```

运行后结果如图 3-28 所示。

在三维条形图中，可能会出现若干实心块被遮挡的情况，例如图 3-28 中 y(3,1)即被遮挡。此时，可以设置参数 group 对图形进行分组，把所有的实心块都显示出来。例如，把上例中 bar3(x，y，'detached')修改为 bar3(x，y，'group')，运行后结果如图 3-29 所示。

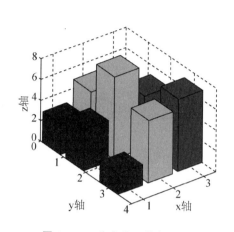

图 3-28 分离的三维条形图

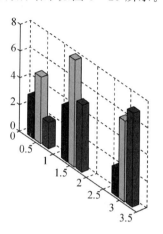

图 3-29 分组的三维条形图

对于三维水平条形图的绘制，这里就不再具体介绍，读者可以自己编制程序运行观察。

**2. 三维枝干图的绘制**

在 MATLAB 中用 stem3 函数绘制起点在 $xy$ 平面上的三维枝干图，其常用调用格式如下：

$$\text{stem3}(z)$$

$$\text{stem3}(x, y, z, \text{'linestyle or color or maket'}, \text{'fill'})$$

如果函数只带有一个矢量参数，则将只在 x=1(当该参量为一个列向量时)或 y=1(当该参量为一个行向量时)处绘制一行枝干图。

**【例 3-36】** 利用三维枝干图显示快速傅里叶变换的计算过程。

```
t = (0:127)/128 * 2 * pi;
x = cos(t);
y = sin(t);
z = (abs(fft(ones(10,1),128)));
stem3(x,y,z,'o')
xlabel('实部')         % 在 x 轴标注"实部"
ylabel('虚部')         % 在 y 轴标注"虚部"
zlabel('幅值')         % 在 z 轴标注"幅值"
title('频率响应')       % 在图形上方标注标题
```

运行后结果如图 3-30 所示。
如果想换个角度查看三维枝干图，则可先执行下面的指令：

```
rotate3d on
```

然后就可以用鼠标拖动该三维枝干图,旋转到用户所希望的角度进行观察,如图 3-31 所示。

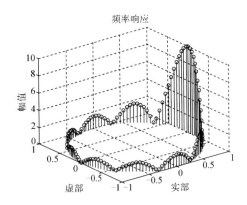

图 3-30  快速傅里叶变换的三维枝干图

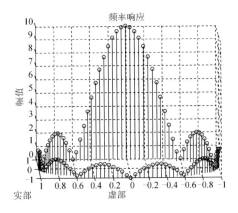

图 3-31  旋转后的三维枝干图

**3. 三维轮廓图的绘制**

在 MATLAB 中用函数 contour3 来绘制三维轮廓图,其调用格式及其中的各项参数设置与二维轮廓图的绘制相同。

【例 3-37】 绘制一个带有标注的三维轮廓图。

```
[x,y,z] = peaks;
contour3(x,y,z,30)
xlabel('x')
ylabel('y')
zlabel('z')
title('具有 30 条轮廓线的 peaks 函数')
```

运行后结果如图 3-32 所示。

**4. 表面图形的透明处理**

在默认情况下,MATLAB 将由 mesh 指令绘制的图形后面的所有线条均隐藏起来,包括没有添加颜色的小面后的线条。也就是说,通常所看到的表面图形都是不透明的。有时为了便于观察,可使用"hidden off"指令将表面图形设置为透明的。需要说明的是:该指令对由 surf 指令绘制的图形没有任何影响。

【例 3-38】 三维图形的透明处理。

```
[x,y,z] = sphere(30);
surf(x,y,z)                    % 绘制三维单位球面
shading interp                 % 采用插补明暗处理
hold on
x1 = 2 * x;
y1 = 2 * y;
z1 = 2 * z;
```

```
mesh(x1,y1,z1)        % 绘制由线框构成的半径为 2 的三维球面
hidden off            % 对球面进行透明化处理
axis equal
```

运行后结果如图 3-33 所示。

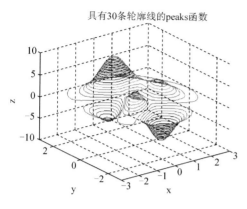

图 3-32　带有标注的三维轮廓图

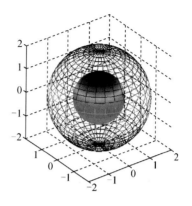

图 3-33　三维图形的透明处理

# 第 4 章
## 信号系统分析基础

对于通信系统,当确定性的信号通过信道时常伴有噪声的加入。对大多数通信信道和收发设备来说,可以采用线性时不变系统(LTI)进行建模,因此对于确定性信号和随机噪声的性质以及通过线性时不变系统的系统响应是通信系统主要研究的对象。对于线性时不变系统,主要进行的是频域内的分析,因为从频域分析可以知道系统对信号功率的增益,这方面的主要工具是傅里叶变换。此外,由于噪声的加入使确定性的信号变为随机过程,因此也需要对信号及系统响应进行统计分析。

## 4.1 概 述

在通信系统中,接收端接收到的数据可分为两类:一类为有用信息,称之为信号;一类为冗余信息,称之为噪声。绝大多数通信信道的输入端为电压或电流的连续函数,它们是确定性的连续信号。确定性连续信号是关于时间 $t$ 连续的实函数或复函数 $x(t)$。下面介绍一些重要的连续信号,它们是构造其他更复杂信号的基础,并且利用这些信号可以检验通信系统的基本性质。

**1. 单位阶跃信号**

$$u(t) = \begin{cases} 0, & t < 0 \\ 1, & t \geq 0 \end{cases} \tag{4-1}$$

单位阶跃信号是通信系统中使用很广泛的信号,与之相关的还有正负号信号 sgn:

$$\text{sgn}(t) = 2u(t) - 1 = \begin{cases} -1, & t < 0 \\ 1, & t \geq 0 \end{cases} \tag{4-2}$$

和矩形脉冲信号 Π:

$$\Pi\left(\frac{t}{T}\right) = u\left(t + \frac{T}{2}\right) - u\left(t - \frac{T}{2}\right) = \begin{cases} 1, & |t| \leq \frac{T}{2} \\ 0, & |t| \geq \frac{T}{2} \end{cases} \tag{4-3}$$

**2. 单位脉冲信号**

单位脉冲信号 $\delta(t)$ 实际上是一种分布函数,它的定义为

$$\int_{-\infty}^{\infty} x(t)\delta(t)\mathrm{d}t = x(0) \tag{4-4}$$

并具有以下性质:

$$\delta(at) = \frac{1}{|a|}\delta(t)$$

$$\int_{-\infty}^{\infty} x(t)\delta^{(n)}(t-t_0)\mathrm{d}t = (-1)^n x^{(n)}(t_0)$$

$$\delta(t) = \frac{\mathrm{d}[u(t)]}{\mathrm{d}t}$$

**3. 三角信号**

$$\Pi\left(\frac{t}{T}\right) = \begin{cases} \dfrac{T-|t|}{T}, & |t| \leqslant T \\ 0, & |t| > T \end{cases} \tag{4-5}$$

**4. sinc 信号**

由如下函数描述：

$$\mathrm{sinc}(t) = \frac{\sin(\pi t)}{\pi t} \tag{4-6}$$

**5. 复指数信号**

其函数形式为

$$x(t) = \mathrm{e}^{st} = \mathrm{e}^{(\sigma+\mathrm{j}\omega)t} = \mathrm{e}^{\sigma t}[\cos(\omega t) + \mathrm{j}\sin(\omega t)] \tag{4-7}$$

一个复指数信号可以分解为实部和虚部两部分。其中 $\omega$ 为正弦和余弦函数的角频率。实际通信信道并不能产生复指数信号，但可用复指数信号描述其他基本信号，因此在通信系统分析和仿真中起到十分重要的作用。

从严格意义上讲，计算机并不能处理连续信号。在 MATLAB 中，连续信号是用信号在等时间间隔点的采样值来近似表示的。当采样间隔足够小时，就可以比较好地近似连续信号。例如绘制复指数信号时域波形的 Matlab 实现如下（函数文件 sigexp.m）：

```
function sigexp(a,s,w,t1,t2)
% 本函数实现绘制复指数信号时域波形
% a：复指数信号幅度
% s：复指数信号频率实部
% w：复指数信号频率虚部
% t1,t2：绘制波形的时间范围
t = t1:0.01:t2;
theta = s + j*w;
fc = a*exp(theta*t);
real_fc = real(fc);
imag_fc = imag(fc);
mag_fc = abs(fc);
phase_fc = angle(fc);
subplot(2,2,1)
plot(t,real_fc)
title('实部');xlabel('t');
axis([t1,t2,-(max(mag_fc)+0.2),max(mag_fc)+0.2]);
subplot(2,2,2)
plot(t,imag_fc);
title('虚部');xlabel('t');
```

```
axis([t1,t2,-(max(mag_fc)+0.2),max(mag_fc)+0.2]);
subplot(2,2,3)
plot(t,mag_fc);
title('模');xlabel('t');
axis([t1,t2,0,max(mag_fc)+0.5]);
subplot(2,2,4)
plot(t,phase_fc);
title('相角');xlabel('t');
axis([t1,t2,-(max(phase_fc)+0.5),max(phase_fc)+0.5]);
```

以上的 MATLAB 脚本可以实现复指数信号。例如复指数信号 $f(t)=3e^{(-0.3+5j)t}$，在命令窗口输入 fcexp(3,-0.3,5,0,5) 即可得到图 4-1。

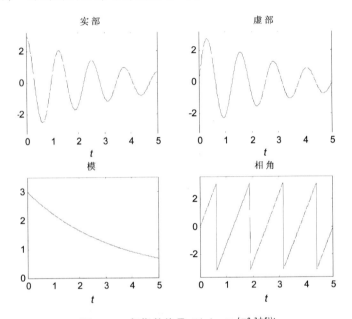

图 4-1 复指数信号 $f(t)=3e^{(-0.3+5j)t}$

大部分通信系统可以采用线性时不变系统(LTI)建模。所谓线性时不变系统，是指激励与响应同时满足线性和时间不变性。例如任意线性系统 Γ 对单位脉冲 δ 函数的脉冲响应定义为

$$h(t)=\Gamma[\delta(t)] \tag{4-8}$$

则对于线性时不变系统 Γ，δ 函数的脉冲响应为

$$h(t-\tau)=\Gamma[\delta(t-\tau)] \tag{4-9}$$

线性时不变系统 Γ 的输入/输出关系由如下卷积来定义：

$$y(t)=x(t)*h(t)=\int_{-\infty}^{\infty}x(\tau)h(t-\tau)\mathrm{d}\tau \tag{4-10}$$

可以证明，对线性时不变系统从时域到频域的变换是唯一，因此对于系统的描述既可在时域也可在频域。在系统分析和仿真中，得到系统的频域特征，可以较好地达到分析系统性质和提取有用信息的目的。

## 4.2 傅里叶变换的主要性质及傅里叶变换对

### 4.2.1 周期信号的傅里叶级数

通信系统中的很多信号属于周期信号。周期信号是按一定时间间隔不断重复的信号,以 $\{e^{j2\pi nf_0 t}, n=-\infty,\cdots,\infty\}$ 为正交基,可以将周期为 $T_0=1/f_0$ 的信号展开为

$$x(t)=\sum_{n=-\infty}^{\infty} x_n e^{j2\pi nf_0 t} \quad (4-11)$$

其中 $x_n$ 称为傅里叶级数系数。频率 $f_0=1/T_0$ 称为周期信号的基波频率,而 $f_n=nf_0$ 称为第 $n$ 次谐波。利用复指数函数的正交性可得到

$$x_n=\frac{1}{T_0}\int_{-T_0/2}^{T_0/2} x(t) e^{-j2\pi nf_0 t} dt \quad (4-12)$$

这种形式的傅里叶级数称为指数形式的傅里叶级数。一般而言,傅里叶系数 $a_n$ 为复数。

一个周期信号的傅里叶展开是整数倍频率 $f_0$ 的谐波函数之和。可以定义:

$$x_n=A_n(f_0) e^{j\Phi_n(f_0)} \quad (4-13)$$

其中 $A_n(f_0)$ 为幅度谱;$\Phi_n(f_0)$ 为相位谱。因此,对一个周期函数在频域内可以用幅度谱和相位谱表示。当 $A_n(f_0)$ 和 $\Phi_n(f_0)$ 对 $n$ 或 $nf_0$ 作图时,该图称为 $x(t)$ 的离散频谱。

对实周期信号,可以证明傅里叶级数系数具有 Hermitian 对称性,即 $a_{-n}=a_n^*$。由此可以展开为三角函数形式的傅里叶级数

$$x(t)=\frac{a_0}{2}+\sum_{n=1}^{\infty} a_n \cos(2\pi t f_0 n)+b_n \sin(2\pi t f_0 n) \quad (4-14)$$

且傅里叶系数为

$$a_n=\frac{2}{T_0}\int_{-T_0/2}^{T_0/2} x(t)\cos(2\pi t f_0 n) dt \quad (4-15a)$$

$$b_n=\frac{2}{T_0}\int_{-T_0/2}^{T_0/2} x(t)\sin(2\pi t f_0 n) dt \quad (4-15b)$$

注意到 $n=0$ 时,有 $b_0=0$,所以 $a_0=2x_0$。

定义

$$c_n=\sqrt{a_n^2+b_n^2}$$
$$\theta_n=-\arctan\frac{b_n}{a_n} \quad (4-16)$$

通过简单的三角函数运算,可以得到实值周期信号的第三种形式的傅里叶展开

$$x(t)=\frac{a_0}{2}+\sum_{n=1}^{\infty} c_n \cos(2\pi t f_0 n+\theta_n) \quad (4-17)$$

对实值周期信号的傅里叶展开有以上三种形式,它们之间傅里叶系数通过以下关系建立:

$$\begin{cases} a_n=2\mathrm{Re}(x_n) \\ b_n=-2\mathrm{Im}(x_n) \\ c_n=|x_n|=A_n \\ \theta_n=\mathrm{ang}(x_n)=\Phi_n \end{cases} \quad (4-18)$$

如果实值周期信号为偶函数,即有 $x(-t)=x(t)$,考虑到正弦函数为奇函数,则三角函数傅里叶展开式中的正弦函数的系数 $a_n=0$。这时傅里叶系数 $x_n$ 为实数,且三角函数形式的傅里叶级数全部由余弦函数构成。反之,如果实值周期信号为奇函数,则三角函数傅里叶展开式中的余弦函数的系数 $b_n=0$,傅里叶系数 $x_n$ 为纯虚数,且三角函数形式的傅里叶级数全部由正弦函数构成。

【例 4-1】 对周期为 $T_0$ 的矩形信号串进行傅里叶级数展开,并绘制离散频谱。

周期为 $T_0$ 的矩形信号可以表示为

$$x(t)=\sum_{n=-\infty}^{\infty}\Pi\left(\frac{t-nT_0}{T_1}\right),\quad T_0>T_1 \tag{4-19}$$

其傅里叶级数系数为

$$\begin{aligned}x_n &= \frac{1}{T_0}\int_{-T_1/2}^{T_1/2} e^{-j2\pi\frac{n}{T_0}t} dt = \\ &= \frac{1}{-2j\pi n}[e^{-j\pi nT_1/T_0} - e^{j\pi nT_1/T_0}] = \\ &= f_0 T_1 \frac{\sin(\pi n T_1 f_0)}{\pi n T_1 f_0} = \\ &= f_0 T_1 \text{sinc}(nT_1 f_0)\end{aligned} \tag{4-20}$$

因为矩形信号串 $x(t)$ 为实值周期函数,且为偶函数,所以傅里叶级数系数 $x_n$ 为实数。由此得到三角函数形式的傅里叶级数展开的系数为

$$\begin{cases} a_n = 2f_0 T_1 \dfrac{\sin(\pi n T_1 f_0)}{\pi n T_1 f_0} \\ b_n = 0 \\ c_n = \left| 2f_0 T_1 \dfrac{\sin(\pi n T_1 f_0)}{\pi n T_1 f_0} \right| \\ \theta_n = 0, \pi \end{cases} \tag{4-21}$$

周期信号的三角函数形式的傅里叶展开为

$$x(t) = T_1 f_0 + \sum_{n=1}^{\infty} 2T_1 f_0 \text{sinc}(T_1 f_0 n)\cos(2\pi tn/T_0) \tag{4-22}$$

图 4-2 给出了 $T_1=T_0/2=2$ 的信号的离散幅度谱。通过 $n=1,\cdots,9$ 次谐波叠加后的波形可以看出,随着展开次数的增加,近似的波形将更加接近原信号。

绘制离散幅度谱和谐波叠加的 MATLAB 实现如下(函数 rectexpd.m):

```
function rectexpd(T1,T0,m);
% 矩形信号串信号分解与合成
% T1:矩信号区间为(-T1/2,T1/2)
% T0:矩形矩形信号串周期
% m :傅里叶级数展开项次数
t1 = -T1/2:0.01:T1/2;
t2 = T1/2:0.01:(T0-T1/2);
t = [(t1-T0)';(t2-T0)';t1';t2';(t1+T0)'];
```

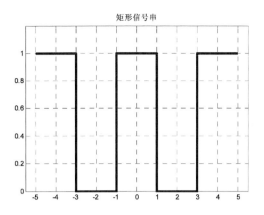
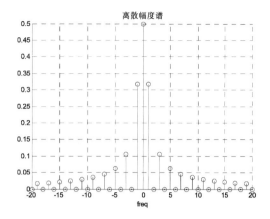
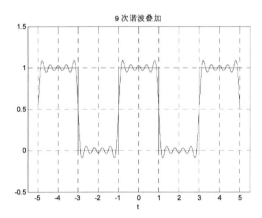
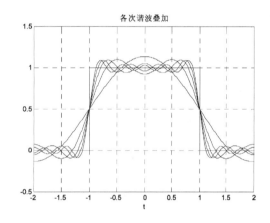

图 4-2 矩形信号串离散幅度谱和傅里叶级数展开

```
n1 = length(t1);
n2 = length(t2);                    % 根据周期矩形信号函数周期,计算点数
f = [ones(n1,1);zeros(n2,1);ones(n1,1);zeros(n2,1);ones(n1,1)];
                                    % 构造周期矩形信号串
y = zeros(m + 1,length(t));
y(m + 1,:) = f';
figure(1);
plot(t,y(m + 1,:));                 % 绘制周期矩形信号串
axis([ - (T0 + T1/2) - 0.5,(T0 + T1/2) + 0.5,0,1.2]);
set(gca,'XTick',[ - T0, - T1/2,T1/2,T0]);
set(gca,'XTickLabel',{' - T0',' - T1/2','T1/2','T0'});
title('矩形信号串');
grid;
a = T1/T0;
pause;                              % 绘制离散幅度谱
freq = [ - 20:1:20];
mag = abs(a * sinc(a * freq));
```

```
stem(freq,mag);
x = a * ones(size(t));
for k = 1:m                          %循环显示谐波叠加图形
    pause;
    x = x + 2 * a * sinc(a * k) * cos(2 * pi * t * k/T0);
    y(k,:) = x;                      %计算叠加和
    plot(t,y(m + 1,:));
    hold on;
    plot(t,y(k,:));                  %绘制各次叠加信号
    hold off;
    grid;
    axis([ -(T0 + T1/2) - 0.5,(T0 + T1/2) + 0.5, - 0.5,1.5]);
    title(strcat(num2str(k),'次谐波叠加'));
    xlabel('t');
end
pause;
plot(t,y(1:m + 1,:));
grid;
axis([ - T0/2,T0/2, - 0.5,1.5]);
title('各次谐波叠加');
xlabel('t');
```

### 4.2.2 傅里叶变换及其性质

周期信号可以展开为离散复指数函数的线性组合，通过傅里叶变换，该结果可以扩展到非周期信号。信号函数 $x(t)$ 的傅里叶变换定义为

$$F[x(t)] = X(f) = \int_{-\infty}^{\infty} x(t) e^{-j2\pi ft} dt \tag{4-23}$$

其逆变换是

$$F^{-1}[X(f)] = x(t) = \int_{-\infty}^{\infty} X(f) e^{j2\pi ft} df \tag{4-24}$$

$x(t)$ 与 $X(f)$ 通常称为傅里叶变换对，可以表示为 $x(t) \leftrightarrow X(f)$。$x(t)$ 是对信号的时域描述，而 $X(f)$ 是频域描述。类似于周期信号的傅里叶级数，$X(f)$ 称为信号 $x(t)$ 的频谱。一般而言，$X(f)$ 为复解析函数，可以用幅度和相位表示

$$X(f) = A(f) e^{j\Phi(f)} \tag{4-25}$$

其中 $A(f) = |X(f)|$ 成为幅度谱；$\Phi(f)$ 为相位谱。

【例 4-2】 计算 $x(t) = e^{-|a|t} u(t)$（见图 4-3）的傅里叶变换并绘制幅度谱和相位谱。

根据傅里叶变换定义可以得

$$X(f) = \int_{-\infty}^{\infty} e^{-at} u(t) e^{-j2\pi ft} dt =$$

$$\int_{0}^{\infty} e^{-(j2\pi f - a)t} dt = \frac{1}{a + j2\pi f} \tag{4-26}$$

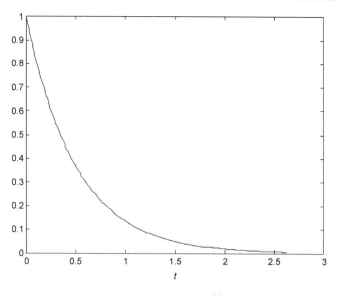

图 4-3 信号 $x(t)=\mathrm{e}^{-|a|t}u(t)$

在 MATLAB 中提供了符号计算傅里叶变换的函数 fourier,借用该函数,绘制 $\mathrm{e}^{-|a|t}u(t)$ 信号的幅度谱和相位谱的实现如下(函数名称 sexpfr.m):

```
function sexpfr(alpha)
% 计算 exp(-alpha*t)*u(t)的幅度谱和相位谱
syms t mag pha
a = abs(alpha);
xt = exp(-a*t)*sym('heaviside(t)');
ezplot(xt);
set(findobj('Type','line'),'Color','k')
title('\rm e^{-|a|t} u(t)');
axis([0,3,0,1]);
figure(2);
Xf = fourier(xt);
subplot(1,2,1);
ezplot(abs(Xf));
set(findobj('Type','line'),'Color','k')
title('\rm F[e^{-|a|t} u(t)]幅度谱');
xlabel('f')
subplot(1,2,2);
pha = atan(imag(Xf)/real(Xf));
ezplot(pha);
set(findobj('Type','line'),'Color','k')
title('\rm F[e^{-|a|t} u(t)]相位谱');
xlabel('f')
```

信号 $x(t)=\mathrm{e}^{-|a|t}u(t)$ 的幅度谱和相位谱如图 4-4 所示。

一般来说,$x(t)$ 可以进行傅里叶变换的充分条件是需要满足 Dirichlet 条件,即函数只有有限个间断点且完全可积

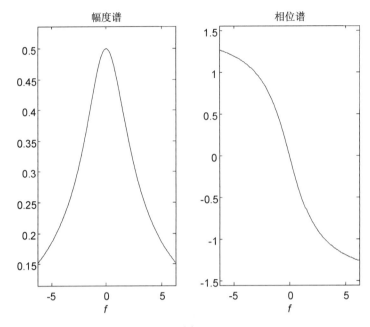

图 4-4 信号 $x(t)=\mathrm{e}^{-|a|t}u(t)$ 的幅度谱和相位谱

$$\int_{-\infty}^{\infty} |x(t)| \, \mathrm{d}t < \infty \qquad (4-27)$$

但是这个条件仅仅是充分条件,而不是必要条件。因此,即使函数并不满足 Dirichlet 条件,也可能进行傅里叶变换。傅里叶积分变换的一个较弱的充分条件为函数平方可积

$$E = \int_{-\infty}^{\infty} |x(t)|^2 \, \mathrm{d}t < \infty \qquad (4-28)$$

实际上,后面可以看到 $E$ 是信号的能量。对于物理上可以实现的信号,一定是能量有限的,因此在通信信道中传输的实际信号一定是可以进行傅里叶变换的。

利用傅里叶变换的定义,可推导出如下的傅里叶变换性质:

① 线性:信号线性组合的傅里叶变换是相应单个傅里叶变换的线性组合。

$$a_1 x_1(t) + a_2 x_2(t) \leftrightarrow a_1 X_1(f) + a_2 X_2(f) \qquad (4-29)$$

② 对偶性:

$$X(t) \leftrightarrow x(-f) \qquad (4-30)$$

③ 时移:在时域内的移位导致频域内的相移。

$$x(t - T_0) \leftrightarrow X(f) \mathrm{e}^{-\mathrm{j}2\pi f T_0} \qquad (4-31)$$

④ 调制:在时域内乘复指数函数导致频域内的频移。

$$x(t) \mathrm{e}^{\mathrm{j}2\pi f_c t} \leftrightarrow X(f - f_c) \qquad (4-32)$$

⑤ 尺度变换:时域内扩展导致频域内压缩,反之亦然。

$$x(at) \leftrightarrow \frac{1}{|a|} X\left(\frac{f}{a}\right) \qquad (4-33)$$

⑥ 微分:将时域内的微分转换为频域内乘以 $\mathrm{j}2\pi f$。

$$\frac{\mathrm{d}^n x(t)}{\mathrm{d}t} \leftrightarrow (\mathrm{j}2\pi f)^n X(f) \qquad (4-34)$$

⑦ 积分：时域内积分转换为频域内乘以 $(j2\pi f)^{-1}$。

$$\int_{-\infty}^{t} x(\tau)d\tau \leftrightarrow (j2\pi f)^{-1} X(f) + \frac{1}{2} X(0)\delta(f) \qquad (4-35)$$

⑧ 卷积：时域卷积转换为频域相乘。

$$x(t) * h(t) \leftrightarrow X(f)H(f) \qquad (4-36)$$

⑨ Parseval 定理：

$$\int_{-\infty}^{\infty} x_1(t) x_2^*(t) dt = \int_{-\infty}^{\infty} X_1(f) X_2^*(f) df \qquad (4-37)$$

如果 $x_1(t) = x_2(t) = x(t)$，则上式简化为

$$\int_{-\infty}^{\infty} |x(t)|^2 dt = \int_{-\infty}^{\infty} |X(f)|^2 df \qquad (4-38)$$

表 4-1 给出了若干有用的傅里叶变换对。

表 4-1 傅里叶变换对

| 函数类型 | 函数定义 | 频谱 |
|---|---|---|
| 矩形脉冲函数 | $\Pi\left(\dfrac{t}{T}\right)$ | $\operatorname{sinc}(\pi ft)$ |
| 三角函数 | $\Lambda\left(\dfrac{t}{T}\right)$ | $T[\operatorname{sinc}(\pi fT)]^2$ |
| 单位阶跃 | $u(t)$ | $\dfrac{1}{2}\delta(f) + \dfrac{1}{j2\pi f}$ |
| 正负号 | $\operatorname{sgn}(t)$ | $\dfrac{1}{j2\pi f}$ |
| 常数 | $1$ | $\delta(f)$ |
| 脉冲函数 | $\delta(t-t_0)$ | $e^{-j2\pi ft_0}$ |
| sinc | $\operatorname{sinc}(\pi ft)$ | $\dfrac{1}{4\pi}\Pi\left(\dfrac{t}{T}\right)$ |
| 正弦 | $\sin(2\pi ft)$ | $\dfrac{1}{2}[\delta(f-f_0) + \delta(f+f_0)]$ |
| 余弦 | $\cos(2\pi ft)$ | $\dfrac{1}{2}[\delta(f-f_0) + \delta(f+f_0)]$ |
| 高斯函数 | $e^{-\pi(t/t_0)^2}$ | $t_0 e^{-\pi(ft_0)^2}$ |
| 指数函数(单边) | $e^{-at}u(t), a>0$ | $\dfrac{1}{a+j2\pi f}$ |
| 指数函数(双边) | $e^{-|t|/T}$ | $\dfrac{2\pi}{1+(2\pi fT)^2}$ |
| 脉冲串 | $\sum_{n=-\infty}^{\infty}\delta(t-nT_0)$ | $\dfrac{1}{T_0}\sum_{n=-\infty}^{\infty}\delta(f-f_0)$ |

对于周期为 $T$ 的信号 $x(t)$，傅里叶级数展开在全时域 $-\infty \leqslant t \leqslant \infty$ 内存在，其频谱可以用傅里叶级数系数表示。由于周期信号的傅里叶级数展开为

$$x(t) = \sum_{n=-\infty}^{\infty} x_n e^{j2\pi nt/T} \qquad (4-39)$$

其傅里叶变换为

$$X(f) = \int_{-\infty}^{\infty} \left( \sum_{n=-\infty}^{\infty} x_n e^{j2\pi nt/T} \right) e^{-j2\pi ft} dt =$$

$$\sum_{n=-\infty}^{\infty} x_n \int_{-\infty}^{\infty} e^{-j2\pi(f-n/T)t} dt =$$

$$\sum_{n=-\infty}^{\infty} x_n \delta(f - n/T) \tag{4-40}$$

式(4-40)说明，周期信号的傅里叶变换是信号基波频率整数倍冲击脉冲的线性叠加。

周期信号的傅里叶级数也可通过截断信号 $x_T(t)$ 的傅里叶变换表示。此时周期信号可以表示为

$$x(t) = \sum_{n=-\infty}^{\infty} x_T(t - nT) \tag{4-41}$$

其中截断信号 $x_T(t)$ 定义是

$$x_T(t) = \begin{cases} x(t), & |t| \leq \dfrac{T}{2} \\ 0, & \text{其他} \end{cases} \tag{4-42}$$

傅里叶级数为

$$x_n = \frac{1}{T_0} X_T\left(\frac{n}{T}\right) \tag{4-43}$$

如果周期信号相对应的截断信号 $x_T(t)$ 的傅里叶变换可以由表 4-1 很容易得到，则通过式(4-43)可立即计算出其傅里叶系数。

在计算机模拟中，采用周期脉冲序列 $\delta(t)$ 从连续信号 $x(t)$ 获得离散信号。这种离散信号也称为采样信号 $x_s(t)$。假设采样频率为 $f_s = 1/T_s$，有

$$x_s(t) = x(t) \sum_{n=\infty}^{\infty} \delta(t - nT_s) =$$

$$\sum_{n=\infty}^{\infty} x(nT_s) \delta(t - nT_s) \tag{4-44}$$

将周期脉冲序列 $\delta(t)$ 的傅里叶级数代入得到

$$x_s(t) = x(t) \sum_{n=-\infty}^{\infty} \frac{1}{T_s} e^{j2\pi f_s t}$$

根据傅里叶变换性质，得到采样信号的傅里叶变换为

$$X_s(f) = \frac{1}{T_s} \sum_{n=-\infty}^{\infty} X(f - nf_s) \tag{4-45}$$

图 4-5～图 4-7 给出了上述论述的示意图。由图可以发现，连续信号经采样后变为离散信号，且新的离散信号的频谱是周期性的，周期为 $T_s$。如果连续信号的最高频率为 $f_c$，则只要采样频率 $f_s > 2f_c$，离散频谱不会产生重叠，这就是抽样定理。$f_s = 2f_c$ 称为奈奎斯特频率，最大允许采样间隔 $T_s = 1/2f_c$ 称为奈奎斯特间隔。

离散信号可用序列 $x(k)$ 表示，对于周期序列

$$x(k) = x(k + mN) \tag{4-46}$$

也可以表示为

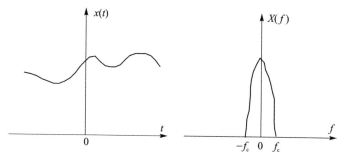

图 4-5　周期信号及其频谱

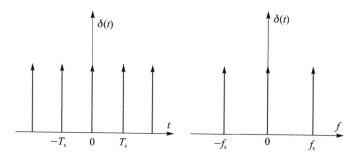

图 4-6　周期脉冲信号及其频谱

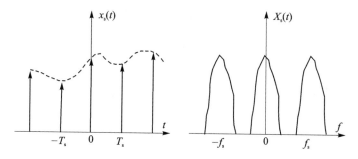

图 4-7　抽样信号及其频谱

$$x(k) = \frac{1}{N} \sum_{n=0}^{N-1} X(n) e^{j\frac{2\pi}{N}nk} \qquad (4-47)$$

式中

$$X(n) = \sum_{k=0}^{N-1} x(k) e^{-j\frac{2\pi}{N}nk} \qquad (4-48)$$

称为离散傅里叶变换(DFT)。在计算机仿真中，经由著名的快速傅里叶变换(FFT)算法可以完成离散傅里叶变换的数值计算。由上所述，使用 DFT 计算连续傅里叶变换(CFT)包含三个方面的内容：窗截断、采样和信号产生。连续时间信号首先在时间间隔$(0,T)$内进行截断。截断信号为

$$\hat{x}_T(t) = x(t) \Pi\left[\frac{t-(T/2)}{T}\right] = \begin{cases} x(t), & 0 \leqslant t \leqslant T \\ 0, & \text{其他} \end{cases} \qquad (4-49)$$

截断信号的傅里叶变换是：

$$X_T(f) = \int_{-\infty}^{\infty} \hat{x}_T(t) e^{-j2\pi ft} dt = \int_{0}^{T} x(t) e^{-j2\pi ft} dt \qquad (4-50)$$

设 $dt = \Delta t, f = n/T, t = k\Delta t$ 且 $\Delta t = T/N$,则积分可用求和近似为

$$X_T(f = n/T) \approx \sum_{k=0}^{N-1} x(k\Delta t) e^{-j\frac{2\pi}{N}nk} \Delta t \qquad (4-51)$$

和离散傅里叶变换比较,可以得到 DFT 和 CFT 的关系为

$$X_T(f = n/T) \approx \Delta t X(n) \qquad (4-52)$$

从离散傅里叶变换中可以看出,$e^{-j(2\pi/N)nk}$ 是周期为 $N$ 的函数,所以 $X(n)$ 是周期为 $N$ 的函数。这实际上是抽样定理的一个结论。由于采用脉冲采样,由公式,采样信号的傅立叶变换必然是 $f_s = 1/\Delta t = N/T$ 的周期函数。离散傅立叶变换对频率的分辨率为 $\Delta f = 1/T$,可以将采样信号通过补零的方式来提高分辨率。

【例 4-3】 利用离散傅里叶变换绘制余弦信号 $x(t) = \cos(2\pi t/5)$ 频谱。

余弦信号在 $f_c = 1/5$ Hz 处的谱线为单位冲击信号。根据抽样定理,奈奎斯特抽样频率 $f_s = 2f_c = 2/5$ Hz,奈奎斯特时间间隔为 $T_s = 2.5$ s。

假设对截断信号 $\hat{x}_T(t) = \cos(2\pi t/5)(0 \leq t \leq 50)$ 进行采样,设采样间隔为 0.5 s。利用离散傅里叶变换和 FFT 绘制频谱的 MATLAB 实现如下:

```
ts = 0.5;
df = 1.0;
fs = 1/ts;                              %采样频率
n2 = 50/ts;
n1 = fs/df;
N = 2^(max(nextpow2(n1),nextpow2(n2))); %当序列是2的幂次时,FFT算法高效
df = fs/N;                              %设置分辨率
t = 0:0.01:50;
y = cos(2/5*pi*t);
subplot(2,2,1);
plot(t,y,'k:');                         %绘制余弦信号
hold on
t2 = 0:ts:50;
y2 = cos(2/5*pi*t2);
stem(t2,y2,'k');                        %对余弦信号进行抽样
axis([0 10 -1.2,1.2]);
title('抽样信号:\rm x_{s}(t)');
xlabel('t');
line([0 10],[0 0],'color',[0 0 0]);
hold off

k = -N:N;
w = df*k;
Y = 0.01*y*exp(-j*2*pi*t'*w);           %计算 CFT
Y = abs(Y);
subplot(2,2,2);
plot(w,Y,'k');
axis([-fs/2-0.5,fs/2+0.5,0,8*pi+0.5]);
```

```
title('连续傅里叶变换：X(f)');
xlabel('f');

subplot(2,2,3);
Y1 = y2 * exp( - j * 2 * pi * t2' * w);    % 计算离散傅里叶变换
Y1 = Y1/fs;
plot(w,abs(Y1),'k');
title('离散傅里叶变换：\rm X_{s}(f)');
xlabel('f');
axis([ - fs/2 - 1,fs/2 + 1,0,8 * pi + 0.5]);

Y2 = fft(y2,N);                             % 使用FFT,计算离散傅里叶变换
Y2 = Y2/fs;
f = [0:df:df * (N - 1)] - fs/2;             % 调整频率坐标
subplot(2,2,4);
plot(f,fftshift(abs(Y2)),'k');
axis([ - fs/2 - 0.5,fs/2 + 0.5,0,8 * pi + 0.5]);
title('快速傅里叶变换：\rm X_{s}(f) ');
xlabel('f');
```

余弦信号抽样和频谱如图 4-8 所示。

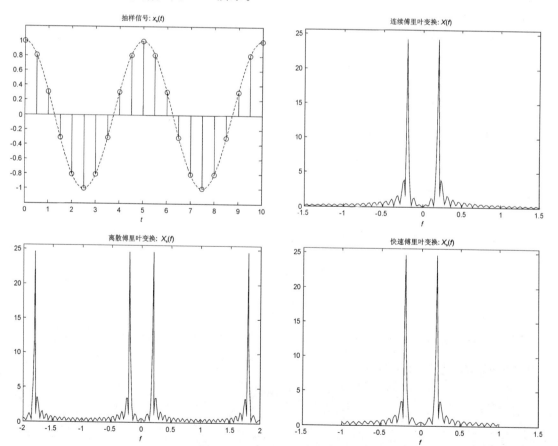

图 4-8 余弦信号抽样和频谱

## 4.3 功率和能量

在通信系统中,当接收端接收的信号的功率谱大于噪声的功率谱时,传递的信息才可以全部或部分被接收。一个确定性信号的功率和能量定义为

$$P = \lim_{T \to \infty} \frac{1}{T} \int_{-\infty}^{\infty} [x(t)]^2 dt \qquad (4-53)$$

$$E = \lim_{T \to \infty} \int_{-T/2}^{T/2} [x(t)]^2 dt \qquad (4-54)$$

具有正的和有限功率的信号称为功率信号。具有正且有限能量的信号称为能量信号。从上述定义可以看出,一个信号要么是功率信号,要么是能量信号。物理上可以实现的信号多属于能量信号。但由于试验中测量的往往是在有限时间内物理量的平均值,因此在模拟和建模中,往往采用持续时间为无穷的功率信号。

一个能量信号的能谱密度定义为

$$\varepsilon = |X(f)|^2 \qquad (4-55)$$

根据 Paseval 定理,信号能量可以由能谱密度得到

$$E = \int_{-\infty}^{\infty} \varepsilon(f) df \qquad (4-56)$$

因此,一个能量信号的能谱密度描述了信号在各个频率上的能量分布。

与之类似,一个信号的功率和频率的关系由功率谱密度给出

$$P_x(f) = \lim_{T \to \infty} \frac{|X_T^2(f)|}{T} \qquad (4-57)$$

且

$$P = \int_{-\infty}^{\infty} p_x(f) df \qquad (4-58)$$

对于功率信号定义时间相关函数

$$R(\tau) = \lim_{T \to \infty} \frac{1}{T} \int_{-\infty}^{\infty} x(t) x(t+\tau) dt \qquad (4-59)$$

可以证明,功率信号的功率谱和时间相关函数是一对傅里叶变换对

$$R(\tau) \leftrightarrow P_x(f) \qquad (4-60)$$

对于采样信号,其能量和功率关系为

$$E = T_s \sum_{n=-\infty}^{\infty} [x(n)]^2 \qquad (4-61)$$

$$\rho = \lim_{N \to \infty} \frac{1}{2N+1} \sum_{n=0}^{N-1} [x(n)]^2 \qquad (4-62)$$

【例 4-4】 绘制信号 $x(t) = u(t)[\cos(146\pi t) + \cos(42\pi t)]$ 的功率谱并计算功率。

```
Matlab 实现如下文件(psdcos.m):
close all;
fs = 800;
ts = 1/fs;
t = 0:ts:2;
```

```
x = cos(2 * pi * 73 * t) + cos(2 * pi * 21 * t);
nfft = 64;
power = (norm(x)^2)/length(x + 1);
spow = abs(fft(x,nfft).^2);
f = (0:nfft - 1)/ts/nfft;        % 设置频率范围
f = f - fs/2;
plot(f,fftshift(spow),'k');
xlabel('频率');ylabel('功率谱');
disp(['power = ',num2str(power),'.']);
```

对于该信号,其功率为1.0019 W。图4-9为该信号的功率谱,图中在正频率内的双峰对应于信号的不同频率分量。

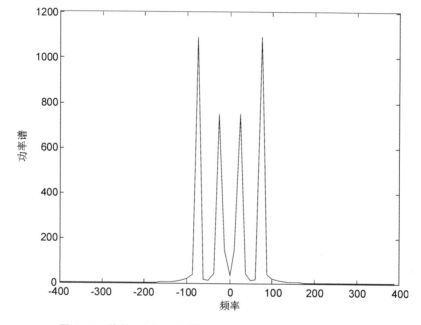

图4-9 信号 $x(t)=u(t)[\cos(146\pi t)+\cos(42\pi t)]$ 的功率谱

## 4.4 随机变量的产生

在实际通信系统信号传输过程中,常伴有噪声的加入和传输,例如电磁波噪声和电子器件产生的热噪声等,因此通信信号是通常带有某种随机性的随机信号。随机信号在数学上可以表示为依赖时间的随机过程。例如考虑信号通过某个信道,一种可能的输出为 $x(t,E_1)$,也可能输出 $x(t,E_2)$ 或 $x(t,E_3)$。$x(t,E_i)$ 为试验样本空间 $S=\{x(t,E_1),x(t,E_2),\cdots,x(t,E_i),\cdots\}$ 的样本函数。每次试验后,信号 $x(t)$ 取空间 $S$ 中某一样本函数,称 $x(t)$ 为随机过程。随机过程可以用一系列带指标的随机变量 $\{x(t_i),i=1,2,\cdots,N\}$ 描述。

在通信仿真中,通常使用随机数发生器来模拟随机现象对系统的影响。MATLAB库中提供了大量的随机数发生器,例如均匀分布随机数发生器 rand 和高斯随机数发生器 randn。由于了解随机数发生器的原理将有助于设计并了解仿真应用,本节对随机数发生器的设计做简单介绍。在随机数发生器的设计中,产生均匀分布的随机变量的随机数发生器占有核心的地位。因为具有在(0,1)区间均匀分布的随机变量通常可以用来转换为其他概率分布的随机变量。常用的实现均匀分布的随机算法是线性同余法(LCG):

$$x_{i+1} = ax_i + c \bmod M \tag{4-63}$$

其中 $a$、$c$ 为乘子和增量,$M$ 为模。这实际上产生一个确定性的周期为 $M$ 的序列,因为在计算机中并不能产生真正的随机序列,而只能产生在区间上近似于随机的序列或伪随机数。将这个序列的元素除以 $M$,就可以得到(0,1)区间均匀分布的随机变量。

一种常用的LCG算法为

$$x_{i+1} = 16807 x_i \bmod 2147483647 \tag{4-64}$$

该算法产生 $(0, 2^{31})$ 区间内的整数,因此在 32 位计算机上被广泛使用。但是在 32 位计算机上实现时,通常并不直接采用上面的公式(思考:为什么?),而是采用 Schrage 的分解算法:

$$x_{i+1} = \begin{cases} a(x_i \bmod q) - r[z/q], & \geqslant 0 \\ a(x_i \bmod q) - r[z/q] + m, & \text{其他情况} \end{cases} \tag{4-65}$$

其中 $a=16807, q=12773, r=2836$。$[z/q]$ 表示取整数部分。

MATLAB 中利用 LCG 算法产生(0,1)区间均匀分布随机数的实现如下(文件 lcgrand.m):

```
function y = lcgrand(seed,n)
% 使用 sch 计算 Schrage 算法
% 计算    x = (a * x) mod M
M = 2147483647;
a = 16807;
r = 2836;
q = 127773;
mask = 123459876;  % seed = 0 时种子
seed = bitxor(seed, mask);
y = zeros(1,n);
for i = 1:n
k    = fix(seed/q);
    seed = a * (seed - k * q) - r * k;
    if(seed<0)
        seed = seed + M;
    end
    y(i) = seed/M;
end
```

根据逆变换方法可以将一个均匀分布的随机序列 $U$ 变换为具有其他概率密度 $f_\xi(x)$ 的序列。由于随机变量分布函数在(0,1)区间,可以假定

$$U = F_\xi(x) \tag{4-66}$$

为随机变量 $\xi$ 的分布函数,它定义为

$$F_\xi(x) = \int_0^x f_\xi(x) \mathrm{d}x \tag{4-67}$$

则由于 $F_\xi(x)$ 单调,所以有

$$F_\xi(x) = \Pr(F_\xi^{-1}(U) \leq x) = \Pr(U \leq F_\xi(x)) = F_\xi(x) \qquad (4-68)$$

因此 $\xi = F_\xi^{-1}(U)$ 便是所求随机序列。下面用例子来说明通过逆变换方法产生其他随机序列的方法。

【例 4-5】 产生指数型随机分布序列，概率密度函数为 $P_X(x) = \beta e^{-\beta x} u(x)$。

服从指数分布的随机变量的分布函数为

$$F_X(x) = \int_0^\infty \beta e^{-\beta x} dx = 1 - e^{-\beta x} \qquad (4-69)$$

根据逆变换方法，它和随机变量 $U$ 的关系为

$$U = 1 - e^{-\beta X} \qquad (4-70)$$

由此得到 $e^{-\beta X} = 1 - U$，由于 $1-U$ 和 $U$ 的分布相同，因此可以得到均匀分布到指数分布的映射

$$X = -\frac{1}{\beta} \log U \qquad (4-71)$$

产生指数分布随机序列的 MATLAB 实现如下（函数 uni2exp.m）：

```
function uni2exp(beta,n);
u = lcgrand(0,n);
y_exp = -log(u)/beta;
[f,x] = hist(y_exp,40);
subplot(2,1,1);
bar(x,f,1,'k');
ylabel('频率分布');
xlabel('随机变量 x');
subplot(2,1,2);
y = beta * exp(-3 * x);
del_x = x(5) - x(4);
p_hist = f/n/del_x;
plot(x,y,'k',x,p_hist,'ok');
ylabel('概率密度');
xlabel('随机变量 x');
legend('概率密度','频率分布近似');
```

图 4-10 是取样 $N = 5\,000$ 时得到随机序列概率密度与指数分布概率密度的比较。通过直方图可以看到，当样本较大时获得的随机序列逼近指数分布。

在实际通信系统中如热噪声和其他随机现象，由中心极限定理，可以使用高斯分布来建模。高斯分布的概率密度函数为

$$f(x) = \frac{1}{\sqrt{2\pi}\sigma} e^{-x^2/2\sigma^2} \qquad (4-72)$$

根据逆变换法，需要求得高斯型随机变量的分布函数 $F_X(x)$，但由于该分布函数不能用初等函数表示，将给逆变换带来困难。考虑两个独立的均值和方差相同的高斯随机变量 $X$ 和 $Y$，其联合概率密度为

$$f_{XY}(x,y) = \frac{1}{2\pi\sigma^2} e^{-(x^2+y^2)/2\sigma^2} \qquad (4-73)$$

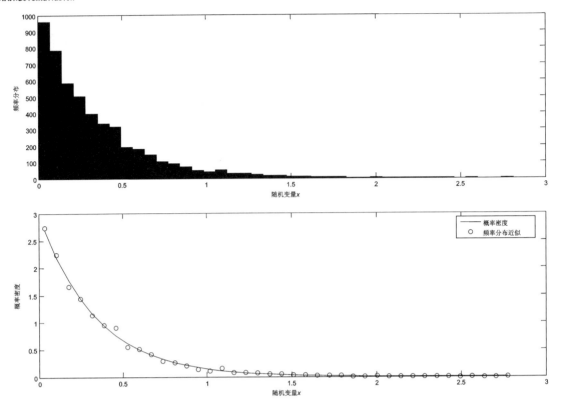

图 4-10 均匀分布到指数分布

设 $x = r\cos\theta, y = r\sin\theta$，则联合概率密度为

$$f_{R\Theta}(r,\theta) = \frac{r}{2\pi\sigma^2}\mathrm{e}^{-r^2/2\sigma^2} \tag{4-74}$$

进一步考察 $R$ 和 $\Theta$ 的边缘概率密度可以得到

$$f_R(r) = \int_0^{2\pi} \frac{r}{2\pi\sigma^2}\mathrm{e}^{-r/2\sigma^2}\mathrm{d}\theta = \frac{r}{\sigma^2}\mathrm{e}^{-r/2\sigma^2} \tag{4-75}$$

和

$$f_R(r) = \int_0^{\infty} \frac{r}{2\pi\sigma^2}\mathrm{e}^{-r/2\sigma^2}\mathrm{d}r = \frac{1}{2\pi} \tag{4-76}$$

其中 $R$ 的概率密度称为瑞利分布。由此可以看出，给定瑞利分布 $R$ 和在 $(0,2\pi)$ 区间上的均匀分布 $\Theta$，则可以通过变换产生高斯型随机变量 $X$ 和 $Y$：

$$X = R\cos\Theta \tag{4-77a}$$
$$Y = R\sin\Theta \tag{4-77b}$$

瑞利分布的分布函数为

$$F_R(r) = \int_0^r \frac{y}{\sigma^2}\mathrm{e}^{-y^2/2\sigma^2}\mathrm{d}y = 1 - \exp(-r^2/2\sigma^2) \tag{4-78}$$

用逆变换法可以得到产生瑞利分布随机序列的公式为

$$R = \sqrt{-2\sigma^2\ln U} \tag{4-79}$$

这种通过由均匀分布随机序列产生瑞利分布随机序列，再产生两个高斯分布随机序列的

方法称为 Box-Muller 算法,其 MATLAB 实现如下(bmgauss.m):

```
function [y1,y2] = bmgauss(m,sigma,N)
u1 = rand(1,N);
u2 = rand(1,N);
r = sigma * sqrt( -2 * log(u1));
y1 = m + r. * cos(2 * pi * u2);
y2 = m + r. * sin(2 * pi * u2);
```

图 4-11 是采用 $N=2000$ 个样本计算得到随机序列分布与高斯分布的概率密度比较。随着样本数的增大,其逼近高斯分布的结果将更为明显。

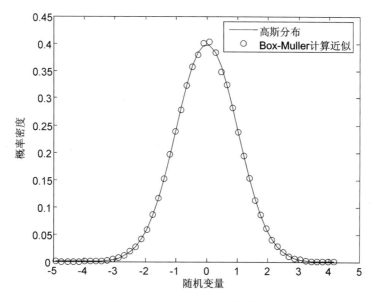

图 4-11 均匀分布到高斯分布

## 4.5 高斯过程

高斯过程被广泛用来描述通信系统中的随机信号。由于中心极限定理,大量同分布的随机变量之和满足高斯分布,因此很多随机现象可以使用高斯过程进行建模。例如通信系统中电子器件产生的热噪声,它是电子的热无规运动对电流的影响产生的。由于电子的热运动在统计上可以看作是独立的,因此总电流是这些统计独立并满足相同分布的随机变量之和。除此之外,高斯过程在数学上其分布和性质也比较简单,在仿真中产生高斯过程也比较容易。

高斯过程的定义是:对一个随机过程 $x(t)$,如果随机变量 $\{x(t_i), i=1,\cdots,N\}$ 满足 $N$ 维高斯分布

$$f_X(x) = \frac{1}{(2\pi)^{N/2} |\det C|^{1/2}} e^{-(1/2)(x-m)^t C^{-1}(x-m)} \qquad (4-80)$$

其中 $\boldsymbol{x}=(x_1,x_2,\cdots,x_N)^T=(x(t_1),x(t_2),\cdots,x(t_N))^T$,$\boldsymbol{m}$ 为均值向量,即

$$\boldsymbol{m} = E(\boldsymbol{x}) = (E(x_1), E(x_2), \cdots, E(x_N))^T \qquad (4-81)$$

$C$ 是随机变量 $(x_1, x_2, \cdots, x_N)$ 的方差矩阵,矩阵元为

$$c_{ij} = E[(x_i - m_i)(x_j - m_j)] \tag{4-82}$$

对于广义平稳过程,有 $E[x_i] = E[x_j] = m$,则方差矩阵元为

$$c_{ij} = R_X(t_j - t_i) - m^2 \tag{4-83}$$

对于高斯过程,如果随机变量 $x_i$ 之间不相关,即有 $E[x_i x_j] = E[x_i]E[x_j]$,则方差矩阵为

$$C = \begin{pmatrix} \sigma_1^2 & \cdots & 0 \\ \vdots & \ddots & \vdots \\ 0 & \cdots & \sigma_N^2 \end{pmatrix} \tag{4-84}$$

由此可见,对于不相关随机变量,高斯过程方差矩阵为对角矩阵。

高斯过程有很多重要性质,具体如下:

① 高斯过程的统计性质完全被均值向量 $m$ 和方差矩阵 $C$ 描述。

② 由于随机变量 $(x_1, x_2, \cdots, x_N)$ 联合分布为高斯分布,所以单个随机变量 $x_i$ 为高斯分布。

③ 一组高斯随机变量集合的线性变换依旧是高斯随机变量。这说明,高斯过程通过一个线性时不变系统,其输出也是一个高斯过程。

例如均值向量 $m_x$ 和方差矩阵 $C_x$ 的高斯过程 $x(t)$ 通过一个线性时不变系统,其输出为

$$y(t) = h(t) * x(t) = \int_{-\infty}^{\infty} h(t-\tau) x(\tau) d\tau \tag{4-85}$$

积分可以近似为

$$y(t_i) = \sum_{j=1}^{N} h(t_i - j\Delta\tau) \Delta\tau x(j\Delta\tau) \tag{4-86}$$

其矩阵表示为

$$\begin{pmatrix} y_1 \\ y_2 \\ \vdots \\ y_N \end{pmatrix} = \begin{pmatrix} h_{11} & h_{12} & \cdots & h_{1N} \\ h_{21} & h_{22} & \cdots & h_{2N} \\ \vdots & \vdots & \ddots & \vdots \\ h_{N1} & h_{N2} & \cdots & h_{NN} \end{pmatrix} \begin{pmatrix} x_1 \\ x_2 \\ \vdots \\ x_N \end{pmatrix} \tag{4-87}$$

即

$$y = Hx \tag{4-88}$$

由此得到随机变量 $y$ 的概率密度为

$$f_Y(y) = \left. \frac{f_X(x)}{|\det(H)|} \right|_{x = H^{-1}y} = \frac{1}{(2\pi)^{N/2} |\det H| |\det C_x|^{1/2}} e^{-(1/2)(H^{-1}y - m_x)^t C^{-1}(H^{-1}y - m_x)} \tag{4-89}$$

进一步有

$$(1/2)(H^{-1}y - m_x)^T C_x^{-1}(H^{-1}y - m_x) = -(1/2)(y - m_y)^t C_y^{-1}(y - m_y) \tag{4-90}$$

其中 $C_y = H C_x H^T$,则随机变量 $y$ 的概率密度可表示为

$$f_Y(y) = \frac{1}{(2\pi)^{N/2} |\det C_y|^{1/2}} e^{-(1/2)(y - m_y)^T C_y^{-1}(y - m_y)} \tag{4-91}$$

上面的证明实际上给出了用一组统计独立的零期望、方差为 1 的高斯随机变量 $x$ 生成均

值向量为 $m_y$、方差矩阵为 $C_y$ 的高斯过程样本 $y$ 的方法，即

$$y = Hx + m_y = C_y^{1/2} x + m_y \tag{4-92}$$

MATLAB 实现如下(文件 gausamp.m)：

```
function y = gausamp(my,Cy)
% 生成高斯过程样本
% my:均值列向量
% Cy:方差矩阵
x = randn(1,length(my));      % 利用 MATLAB 库函数产生高斯随机序列
y = x * sqrtm(Cy)' + my';
```

以上的实现使用了 MATLAB 提供的产生零期望、方差为 1 的高斯随机数发生器 randn。对于 2 个随机变量的联合概率密度可以通过三维图显示联合概率密度(见图 4-12)。计算零均值、方差矩阵为 $C = \begin{bmatrix} 1 & 1/2 \\ 1/2 & 1 \end{bmatrix}$ 的二维高斯分布的 MATLAB 实现如下(文件 d2gausamp.m)：

```
N = 10000;
C = [1,1/2;1/2,1];
m = [0,0]';
y = zeros(N,2);
for j = 1:N
    y(j,:) = gausamp(m,C);
end
[N_samp,xx] = hist3(y,[20,20]);
x1 = xx{1};
x2 = xx{2};
dx1 = x1(3) - x1(2);
dx2 = x2(3) - x2(2);
p_hist = N_samp/(N * dx1 * dx2);
mesh(x1,x2,p_hist);
```

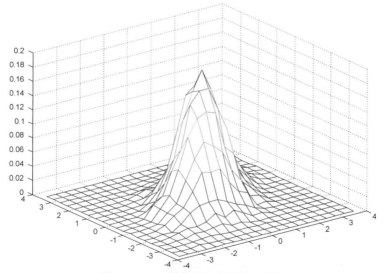

图 4-12 二维高斯分布的概率密度

## 4.6 随机过程和白噪声的功率谱

### 4.6.1 随机过程的能量和功率谱密度

随机过程的数学期望和方差定义为

$$E[x(t)] = \int_{-\infty}^{\infty} x f_X(x) \mathrm{d}x \tag{4-93}$$

$$D[x(t)] = E[(x(t) - E[x(t)])^2] \tag{4-94}$$

此外,对于随机过程任意两个时刻的随机变量的统计特征,常用相关函数进行描述:

$$R_x(t_1, t_2) = E[x(t_1)x(t_2)] = \int_{-\infty}^{\infty}\int_{-\infty}^{\infty} x_1 x_2 f_X(x_1, x_2) \mathrm{d}x_1 \mathrm{d}x_2 \tag{4-95}$$

在通信系统中,遇到的信号和噪声往往属于一类称为平稳的随机过程。$N$ 阶平稳随机过程的概率密度满足:

$$f_X[x(t_1), x(t_2), \cdots, x(t_N)] = f_X[x(t_1+\tau), x(t_2+\tau), \cdots, x(t_N+\tau)] \tag{4-96}$$

由上述定义可见,平稳随机过程的统计特性不随时间的平移而改变,由于总可以选取 $\tau = t_1$,所以 $N$ 阶平稳随机过程的概率分布只和 $N-1$ 个时间间隔 $t_2-t_1, t_3-t_1, \cdots, t_N-t_1$ 有关。

对于平稳随机过程,它的数学期望与时间无关,为 $m_x$,其相关函数也只与时间间隔 $\tau$ 有关,即

$$R(t_1, t_1+\tau) = R(\tau) \tag{4-97}$$

实际中,往往直接用上述数字特征来判断随机过程是否平稳。即如果一个随机过程的数学期望与时间无关,且相关函数仅与时间间隔 $\tau$ 有关,则称这个随机过程为广义平稳或宽平稳的。

对于宽平稳随机过程一般具有"各态历经性":随机过程的数学期望和相关函数可以用时间平均代替统计平均,即

$$m_x = \overline{m_x} = \lim_{T \to \infty} \int_{-T/2}^{T/2} x(t) \mathrm{d}t \tag{4-98}$$

$$R(\tau) = \overline{R(\tau)} = \lim_{T \to \infty} \int_{-T/2}^{T/2} x(t) x(t+\tau) \mathrm{d}t \tag{4-99}$$

对于功率型的平稳随机过程,它的每一个实现也为功率信号,但是由于过程的随机特性,过程的功率谱密度应为可能实现的功率谱的统计平均。因此对于平稳随机过程的功率谱为

$$P_x(f) = \lim_{x \to \infty} \frac{1}{T} E[X_T(f)^2] \tag{4-100}$$

其平均功率为

$$P = \int_{-\infty}^{\infty} P_x(f) \mathrm{d}f = \int_{-\infty}^{\infty} \lim_{T \to \infty} \frac{1}{T} E[X_T(f)^2] \mathrm{d}f \tag{4-101}$$

根据 Wiener – Khintchine 定理,一个平稳随机过程的功率谱是随机过程自相关函数的傅里叶变换

$$P_x(f) = F[R_x(\tau)] = \int_{-\infty}^{\infty} R_x(\tau) \mathrm{e}^{-\mathrm{j}2\pi f \tau} \mathrm{d}\tau \tag{4-102}$$

相反,自相关函数可以通过对功率谱做傅里叶逆变换得到

$$R_x(f) = F[P_x(f)] = \int_{-\infty}^{\infty} P_x(f) e^{-j2\pi f \tau} df \quad (4-103)$$

**【例 4-6】** 证明随机过程 $x(t) = A\cos(2\pi f_c t + \theta)$ 是宽平稳过程并求自相关函数和功率谱，其中 $\theta$ 为区间 $(0, 2\pi)$ 之间均匀分布的随机变量

对过程时间平均可取 $A\cos(2\pi f_c t + \theta)$ 任意一个抽样，由于余弦函数为周期函数，取时间平均简化为

$$\overline{m_x} = \frac{1}{T_c} \int_{-T_c/2}^{T_c/2} A\cos(2\pi f_c t + \theta) dt = 0 \quad (4-104)$$

对过程的统计平均为

$$m_x = \int_0^{2\pi} A\cos(2\pi f_c t + \theta) \frac{1}{2\pi} d\theta = 0 \quad (4-105)$$

因此有 $m_x = \overline{m_x}$，即过程的数学期望与时间无关。

过程的自相关函数为

$$R_x(t_1, t_2) = \overline{A^2 \cos(2\pi f_c t_1 + \theta)\cos(2\pi f_c t_2 + \theta)} = $$
$$\frac{A^2}{2}\{\overline{\cos[2\pi f_c(t_2 - t_1)]} + \overline{\cos[2\pi f_c(t_2 + t_1) + 2\theta]}\} = $$
$$\frac{A^2}{2}\cos[2\pi f_c(t_2 - t_1)] \quad (4-106)$$

因此过程的自相关函数仅与时间间隔有关，可写为

$$R_x(\tau) = \frac{A^2}{2}\cos[2\pi f_c(t_2 - t_1)] \quad (4-107)$$

由于随机过程的数学期望与时间无关，且相关函数仅与时间间隔 $\tau$ 有关，说明该过程是宽平稳的。

通过傅里叶变换公式，可以立即得到该过程的功率谱为

$$P_x(f) = F[R_x(\tau)] = \frac{A^2}{2}[\delta(f - f_c) + \delta(f + f_c)] \quad (4-108)$$

数值计算余弦随机过程的相关函数和功率谱的 MATLAB 实现如下（文件 rcosp.m）：

```
N = 1024;
AVG = 50;
maxlags = 64;                              % 延迟
nfft = 512;                                % 频率估计数目
Rx_m = zeros(1,2 * maxlags + 1);
Px_m = zeros(1,maxlags);
Sx_m = zeros(1,nfft);
n = 0:N - 1;
t = n/maxlags;
for j = 1:AVG
    X = cos(2 * pi * 10 * t + 2 * pi * rand);
    Sx_m = Sx_m + abs(fft(X,nfft).^2)/nfft;  % 功率谱估计
    [Rx,lags] = xcorr(X,maxlags,'unbiased');  % 自相关函数计算
    Px = fftshift(abs(fft(Rx(1:maxlags))));   % 对相关函数进行 FFT 变换求功率谱
    Rx_m = Rx_m + Rx;
    Px_m = Px_m + Px;
```

```
end
Rx_m = Rx_m/AVG;
Sx_m = Sx_m/AVG;
Px_m = Px_m/AVG;
subplot(3,1,1);
plot(2 * pi * lags/maxlags,Rx_m);
xlabel('时间间隔（单位:2\pi \tau)');ylabel('自相关函数');
title('自相关函数');
axis([-2 * pi,2 * pi,-1.2,1.2]);
subplot(3,1,2);
df = maxlags/(nfft);                        % 分辨率
fr = [0:df:df1 * (nfft-1)] - maxlags/2;
stem(fr,fftshift(Sx_m/max(Sx_m)));
axis([-20,20,0,1.2]);
xlabel('频率');ylabel('功率谱(PSD)');
title('功率谱：周期图计算 PSD')
subplot(3,1,3);
df = 1;                                     % 分辨率
freq = [0:df:(maxlags-1)] - maxlags/2;
stem(freq,Px_m/max(Px_m));
axis([-20,20,0,1.2]);
xlabel('频率');ylabel('功率谱(PSD)');
title('功率谱：对相关函数做傅里叶变换')
```

图 4-13 所示为随机过程 $x(t)=A\cos(2\pi f_c t+\theta)$ 的自相关函数和功率谱。

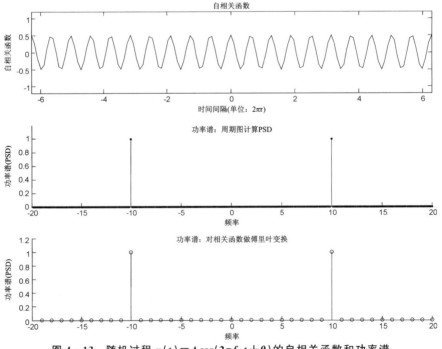

图 4-13　随机过程 $x(t)=A\cos(2\pi f_c t+\theta)$ 的自相关函数和功率谱

## 4.6.2 白噪声功率谱密度和二进制随机数序列

在通信系统中电子器件产生的热噪声经常采用所谓的白色随机过程进行建模。白色随机过程的功率谱在很宽的频率范围内为常数。在理想情况下,白色随机过程的功率谱对全部频率 $f$ 是平坦的,即

$$P_x(f) = \frac{N_0}{2}, \quad -\infty < f < \infty \tag{4-109}$$

对功率谱做傅里叶逆变换,可以得到白噪声的自相关函数为

$$R_x(\tau) = \frac{N_0}{2}\delta(\tau) \tag{4-110}$$

由上式可以看出,只有当 $\tau = 0$ 时白噪声的自相关函数才不为 0,这说明白噪声在任意两个时刻的随机变量是不相关的。

白噪声的平均功率为

$$\int_{-\infty}^{\infty} P_x(f)\mathrm{d}f \to \infty \tag{4-111}$$

在物理上,不可能有无限大功率的过程存在。因此在白噪声并在物理上并没有现实的意义。但是如果白噪声被限制在 $(-B,B)$ 的频率范围内,即有

$$P(f) = \begin{cases} \frac{1}{2}N_0, & |f| \leqslant B \\ 0, & 其他情况 \end{cases} \tag{4-112}$$

其平均功率有限为 $BN_0$。这种白噪声称为带限白噪声。带限白噪声的自相关函数为

$$R(\tau) = BN_0 \frac{\sin(2\pi B\tau)}{2\pi B\tau} \tag{4-113}$$

上式说明带限白噪声的自相关函数在 $\tau = m/2B (m = 1,2,3,\cdots)$ 时为零,因此如果对带限白噪声进行按 $\Delta t = \tau = 1/2B$ 进行抽样,则得到的随机变量是互不相关的。

对二进制随机信号进行仿真时,经常使用二进制序列发生器,它产生的随机序列可以近似功率谱为白色、分布均匀的随机信号。二进制序列发生器如图 4-14 所示,是由一个 $N$ 级移位寄存器、一个模 2 加法器和连接向量组成的。

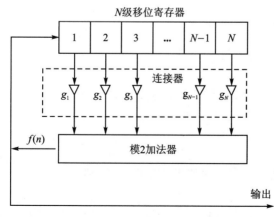

图 4-14 二进制序列发生器

给定初始二进制向量 $S=[s_1,s_2,\cdots,s_N]$，并假设连接器向量为 $G=[g_1,g_2,\cdots,g_N]$，则二进制序列发生器输出反馈信号为

$$f(n) = \left(\sum_{i=1}^{N} s_i g_i\right) \bmod 2$$

二进制序列发生器在特定的连接器取值下输出序列的最大周期为 $2^N-1$。其中第 4、8、10 级序列发生器的连接器向量取值见表 4-2。

表 4-2  生成最大周期的 4、8、10 级连接器向量

| N | 连接器 $g$ |
|---|---|
| 4 | [1 0 1] |
| 8 | [0 1 1 1 0 0 0 1] |
| 10 | [0 0 1 0 0 0 0 0 0 1] |

**【例 4-7】** 计算二进制随机信号序列功率谱密度与自相关函数。

一个二进制随机信号可表示为

$$x(t) = \sum_{n=\infty}^{\infty} a_n f(t-nT_b) \tag{4-114}$$

其中 $f(t)$ 是信号脉冲函数，一般为矩形脉冲，表示一个比特。$T_b$ 为脉冲持续时间。$a_n$ 为取值为 $\{1,-1\}$ 的二项式分布，即 $\Pr\{a_n=1\}=\Pr\{a_n=-1\}=1/2$。

截断信号为

$$x_T(t) = \sum_{n=-N}^{N} a_n f(t-nT_b), \qquad T/2=(N+1/2)T_b \tag{4-115}$$

则相应的傅里叶变换为

$$X_T(f) = F[x_T(t)] = F[f(t)] \sum_{n=-N}^{N} a_n e^{-j2\pi n T_b} \tag{4-116}$$

根据随机信号的功率谱定义有

$$\begin{aligned}
\rho_x(f) &= \lim_{x\to\infty}\left\{\frac{1}{T}|F[f(t)]|^2 E\left(\left|\sum_{n=-N}^{N} a_n e^{-j2\pi fn T_b}\right|^2\right)\right\} = \\
&\quad |F[f(t)]|^2 \lim_{N\to\infty}\frac{2N+1}{(2N+1)T_b} = \\
&\quad \frac{|F[f(t)]|^2}{T_b}
\end{aligned} \tag{4-117}$$

上面的推导用到了 $E(a_n a_m)=\delta_{nm}$ 和 $T=2(N+1/2)T_b$。

如果信号脉冲函数为矩形波，则功率谱为

$$\rho_x(f) = \frac{1}{T_b}|\operatorname{sinc}(fT_b)|^2 \tag{4-118}$$

由于自相关函数与功率谱是一对傅里叶变换对，得到

$$R_x(\tau) = \begin{cases} \dfrac{T_b-|\tau|}{T_b}, & |\tau| \leqslant T_b \\ 0, & \text{其他情况} \end{cases} \tag{4-119}$$

由此可以看出,二进制序列发生器产生的序列的自相关函数近似为单位脉冲函数,或者说其功率近似为白色的。

下面是二进制序列发生器的 MATLAB 实现(bitsignal.m):

```
%二进制随机信号产生
%利用FFT计算随机信号的功率谱和自相关函数
PN_coff = [0 1 1 1 0 0 0 1];              %连接向量
PN_seed = [1 0 1 0 0 1 0 1];              %设置初始向量
nbits = 2^8 - 1;
P = zeros(1,nbits);                        %最大周期为 2^8 - 1
samp = 5;                                  %采样频率
PN_reg = PN_seed;
for i = 1:nbits
P(((i-1)*samp+1):((i-1)*samp+samp)) = PN_reg(1);
    f = rem(PN_reg*PN_coff',2);            %模 2 加法器
    PN_reg = [f,PN_reg(1:1:7)];            %反馈
end
t1 = 0:100;
subplot(3,1,1);
stem(t1,P(1:101),'.k');
ylabel('随机二进制序列');
axis([0 100 -1.5 1.5]);
T = nbits*samp;
P = 2*P-1;                                 %输出电平为 +/-
x = fft(P);                                %用FFT计算频谱
psd = x.*conj(x);                          %计算 PSD
Rx = real(ifft(psd))/T;                    %计算自相关函数
psd = abs(psd)/T;
df = samp/T;
freq = [0:df:df*(length(x)-1)] - samp/2;
subplot(3,1,2);
plot(freq,fftshift(psd),'.k');
ylabel('随机序列功率谱');
subplot(3,1,3);
stem(t1,Rx(1:101),'.k');
ylabel('自相关函数');
```

图 4-15 所示为二进制随机信号抽样、功率谱与自相关函数。

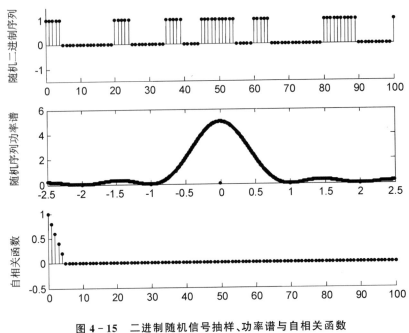

图 4-15 二进制随机信号抽样、功率谱与自相关函数

## 4.7 随机过程的线性滤波

对于线性时不变系统,在时域内可以用冲击响应 $h(t)$ 来表征,输入信号 $x(t)$ 和系统响应 $y(t)$ 的关系为输入信号和冲击响应的卷积

$$y(t) = x(t) * h(t) = \int_{-\infty}^{\infty} x(t)h(t-\tau)\mathrm{d}\tau \tag{4-120}$$

在频域内,通过对上式做傅里叶变换可以得到

$$Y(f) = H(f)X(f) \tag{4-121}$$

如果 $x(t)$ 为一随机过程,这些关系依旧成立。假定输入 $x(t)$ 为平稳随机过程,系统响应 $y(t)$ 的数学期望为

$$\begin{aligned}
E[y(t)] &= E\left[\int_{-\infty}^{\infty} x(t)h(t-\tau)\mathrm{d}\tau\right] = \\
&\int_{-\infty}^{\infty} E[x(t)]x(t-\tau)\mathrm{d}\tau = \\
&m_x \int_{-\infty}^{\infty} h(t-\tau)\mathrm{d}\tau = \\
&m_x \int_{-\infty}^{\infty} h(\tau)\mathrm{d}\tau = \\
&m_x H(0)
\end{aligned} \tag{4-122}$$

由此可见,对于平稳过程的系统响应的数学期望为输入过程的数学期望与频率为 0 处的频率相应 $H(0)$ 的乘积,并且 $E[y(t)]$ 与时间无关。

系统响应 $y(t)$ 的自相关函数为

$$R_y(\tau) = E[x(t)x(t+\tau)] =$$
$$E\left[\int_{-\infty}^{\infty} h(\tau_1)x(t-\tau_1)\mathrm{d}\tau_1 \int_{-\infty}^{\infty} h(\tau_2)x(t+\tau-\tau_2)\mathrm{d}\tau_2\right] =$$
$$\int_{-\infty}^{\infty}\int_{-\infty}^{\infty} h(\tau_1)h(\tau_2)E[x(t+\tau-\tau_2)x(t-\tau_1)]\mathrm{d}\tau_1\mathrm{d}\tau_2 =$$
$$\int_{-\infty}^{\infty}\int_{-\infty}^{\infty} h(\tau_1)h(\tau_2)R(\tau-\tau_2+\tau_1)\mathrm{d}\tau_1\mathrm{d}\tau_2 \tag{4-123}$$

或表示为

$$R_y(\tau) = h(-\tau) * h(\tau) * R_x(\tau) \tag{4-124}$$

通过傅里叶变换得到系统响应的功率谱与系统频率响应和输入过程的功率谱关系为

$$P_y(f) = |H(f)|^2 P_x(f) \tag{4-125}$$

【例 4-8】 功率谱密度为 1 的白噪声通过理想低通滤波器

$$H(f) = \begin{cases} \mathrm{e}^{-\mathrm{j}2\pi f t_d}, & |f| \leqslant 2 \\ 0, & \text{其他情况} \end{cases} \tag{4-126}$$

求输出信号的功率谱密度、自相关函数,并绘制图形。

输出功率谱密度为

$$P_y(f) = |H(f)|^2 P_x(f) = 1, \quad |f| \leqslant 2 \tag{4-127}$$

自相关函数为

$$R_y(\tau) = \frac{\sin 2\pi\tau}{\pi\tau} = 2\mathrm{sinc}(2\tau) \tag{4-128}$$

绘制输出功率谱和相关函数的 MATLAB 脚本如下(文件 lfpass.m):

```
%白噪声通过理想滤波器
%绘制输出信号的功率谱和自相关函数
FH_L = -2;
FH_R = 2;
f = FH_L:0.01:FH_R;
subplot(2,1,1);
plot(f,ones(size(f)),'k');
axis([-2.5,2.5,0,2]);
xlabel('f (单位: Hz)');ylabel('功率谱密度');
subplot(2,1,2);
t = -5:0.01:5;
R = 2 * sinc(2 * t);
plot(t,R,'k');
xlabel('\tau (单位: Second)');ylabel('自相关函数');
```

图 4-16 所示为低通滤波器输入输出噪声功率谱密度。

【例 4-9】 设带有功率谱为 1 的白噪声的余弦信号

$$x(t) = s_i(t) + n_i(t) = \cos t + n_i(t) \tag{4-129}$$

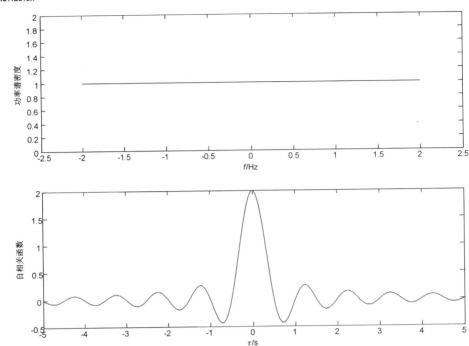

图 4-16 低通滤波器输入输出噪声功率谱密度

通过滤波器

$$h(t) = \begin{cases} e^{-t}, & t \geq 0 \\ 0, & t < 0 \end{cases} \quad (4-130)$$

绘制输出信号的功率谱并求信噪比。

该滤波器的频率响应为

$$H(f) = \frac{1}{1 + j2\pi f} \quad (4-131)$$

该滤波器也称为 RC 低通滤波器,如图 4-17 所示,对于本例有 $RC=1$。

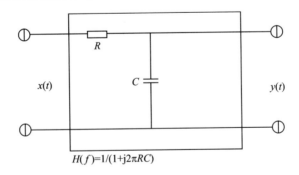

图 4-17 RC 低通滤波器

对于输入信号,其确定性信号功率为

$$\overline{s_i^2(t)} = \frac{1}{2} \quad (4-132)$$

噪声信号功率为

$$E[n_i^2(t)] = \overline{n_i^2(t)} = \lim_{f_H \to \infty} \int_{-f_H}^{f_H} \mathrm{d}f \to \infty \tag{4-133}$$

因此输入信号的信噪比接近 0。

$$\left(\frac{S}{N}\right)_{\text{input}} = \frac{\overline{s_i^2(t)}}{\overline{n_i^2(t)}} \to 0 \tag{4-134}$$

输入信号通过 RC 低通滤波器后,输出信号为

$$y(t) = s_o(t) + n_o(t) \tag{4-135}$$

输出信号的确定性信号功率为

$$\overline{s_o^2(t)} = \frac{1}{2} \mid H(f) \mid_{f=1/2\pi}^2 = \frac{1}{4} \tag{4-136}$$

噪声信号功率为

$$E[n_o^2(t)] = \overline{n_o^2(t)} = \int_{-\infty}^{\infty} \frac{1}{1+(2\pi f)^2} \mathrm{d}f = \frac{1}{2} \tag{4-137}$$

因此输出信号的信噪比为

$$\left(\frac{S}{N}\right)_{\text{output}} = \frac{\overline{s_o^2(t)}}{\overline{n_o^2(t)}} = \frac{1}{2} \tag{4-138}$$

在前面已经说明,实际系统不可能生成全部频率的高斯白噪声,因此在仿真上对于白噪声只对有限带宽 $B$ 进行仿真。假设抽样频率 $f_s \geqslant 2B$,则在频率范围 $-f_s/2 \leqslant f \leqslant f_s/2$ 内限带宽的高斯白噪声

$$P(f) = \begin{cases} 1, & \mid f \mid \leqslant f_s/2 \\ 0, & \text{其他情况} \end{cases} \tag{4-139}$$

与不限带宽的高斯白噪声对系统输出的影响是相同的。

对于上述限带宽的高斯白噪声,抽样时间间隔为 $T_s = 1/f_s$,因此在时域内其自相关函数为 0,这说明不同时间的随机变量是相互独立的。因此对限带宽的高斯白噪声,只需一组均值为 0,方差为 $\sigma^2 = f_s$ 满足高斯分布的随机变量序列进行模拟。

绘制输出功率谱和相关函数的 MATLAB 脚本如下(文件 rcfilter.m):

```
echo off
B = 1;                          % 设置仿真带宽
fs = 4 * B;                     % 抽样频率
ts = 1/fs;
Nfft = 128;                     % 设置FFT点数目
AVG = 50;
sigma = sqrt(fs);
t = 0:ts:1024;
N = length(t);
s1 = cos(t);
```

```
psd_s1 = abs(fft(s1,Nfft).^2)/(N+1);          % 输入：确定性信号功率谱密度
psd_n1 = zeros(1,Nfft);
psd_x = zeros(1,Nfft);
for j = 1:AVG
    n1 = sigma * randn(1,N);
    x = s1 + n1;
    psd_n1 = psd_n1 + abs(fft(n1,Nfft).^2)/(N+1);    % 输入：噪声功率谱密度
    psd_x = psd_x + abs(fft(x,Nfft).^2)/(N+1);       % 输入信号功率谱密度
end
psd_n1 = psd_n1/AVG;
psd_x = psd_x/AVG;
f = (0:length(psd_s1)-1)/ts/length(psd_s1);   % 设置频率范围
f = f - fs/2;
Hf2 = 1./(1 + (2*pi*f).^2);
subplot(3,1,1);
psd_s2 = Hf2.*fftshift(psd_s1);               % 输出：确定性信号功率谱密度
plot(f,psd_s2,'k');
axis([-1,1,0,1]);
xlabel('f');ylabel('功率谱密度(确定信号)');
subplot(3,1,2);
psd_n2 = Hf2.*fftshift(psd_n1);               % 输出：噪声功率谱密度
plot(f,psd_n2,'k');
axis([-1,1,0,0.2]);
xlabel('f');ylabel('功率谱密度(噪声信号)');
subplot(3,1,3);
psd_x2 = Hf2.*fftshift(psd_x);                % 输出信号功率谱密度
plot(f,psd_x2,'k');
xlabel('f');ylabel('功率谱密度(输出信号)');
axis([-1,1,0,1]);
SNR = trapz(f,psd_s2)/trapz(f,psd_n2);        % 数值求解信噪比
text = ['输出信噪比： ',num2str(SNR,15),'.'];
disp(text);
```

图 4-18 是上面脚本运行结果。利用数值积分得到的信噪比 SNR＝0.516 39，接近于 1/2。需要注意的是，由于是对随机过程的模拟，所以每次运行结果并不完全相同。通过图 4-18 可以看出，噪声信号在通过 RC 滤波器后，功率谱只在一定的频率范围内不为 0，因此输入信号经过 RC 滤波器后可以使噪声信号对信号平均功率的影响减小，从而提高信噪比。

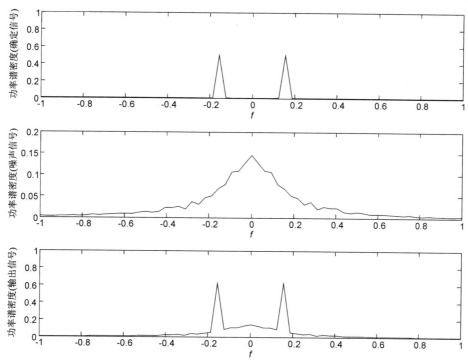

图 4-18  通过 RC 滤波器输出信号功率谱密度

# 第 5 章

## 模拟信号的数字传输

### 5.1 概 述

通信中实际的信源(如电视信号、话音信号、图像信号)在时间上和幅度上均为连续取值的模拟信号,要实现数字化的传输和交换,首先要把模拟信号通过编码变成数字信号。

为了在数字通信系统中传输模拟信息,发送端首先应将模拟消息的信号抽样,使其成为一系列离散的抽样值,然后再将抽样值(模拟量)量化为相应的量化值,并经过编码变成数字信号,用数字通信方式传输,在接收端则相应地将接收到的数字信号恢复成模拟消息,如图 5 - 1 所示。

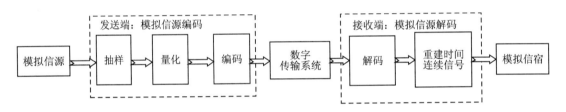

图 5 - 1  模拟信号的数字传输系统

模数转换其核心包括:
① 抽样。对模拟信号在时域上进行抽样等操作,完成时间上的离散化。
② 量化。对模拟信号的抽样值进行量化,完成幅度上的离散化,使幅度变成有限种取值。
③ 编码。对量化后的抽样值用二进制(或多进制)码元进行编码。

抽样要保证不丢失原始信息,量化要满足一定的质量,编码解决信号的表示。这种将模拟信号经过抽样、量化、编码三个处理步骤变成数字信号的 A/D 转换方式称为脉冲编码调制(PCM,Pluse Code Modulation)。

图 5 - 2 是脉冲编码调制的过程示意图。$v(t)$ 是待抽样的模拟信号,抽样后离散信号的取值分别为 $m(t)$,如图 5 - 2(b)所示,完成时间上的离散化。$m(t)$ 可能的取值有无穷多个。为了把 $m(t)$ 的取值从无穷多个变成有限个,我们对 $m(t)$ 的取值进行量化,得到 $m_q(t)$,如图 5 - 2(c)所示。$m_q(t)$ 总共只有 0、1、2、3、4、5、6 七个可能的取值,完成幅度上的离散化。最后,用二进制码对 $m_q(t)$ 进行编码得到数字信号 $d(t)$,从而完成模拟信号到数字信号的转换。

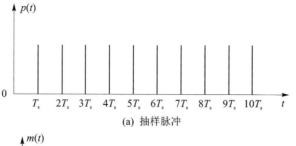
(a) 抽样脉冲

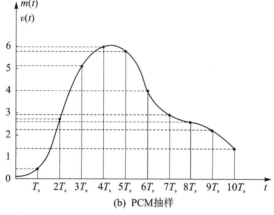
(b) PCM抽样

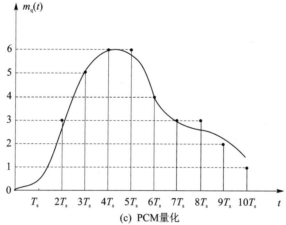
(c) PCM量化

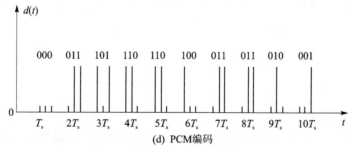
(d) PCM编码

图 5-2　脉冲编码调制的过程示意图

## 5.2 抽样定理

抽样是时间上连续的模拟信号变成一系列时间上离散的抽样序列的过程。抽样定理要解决的是，能否由此抽样序列无失真地恢复出原模拟信号。

对一个频带受限的、时间连续的模拟信号抽样，如果抽样速率达到一定的数值，那么根据它的抽样值就能无失真地恢复原模拟信号。也就是说，如果要传输模拟信号，不一定要传输模拟信号本身，而只需传输由抽样得到的抽样值即可。因此，抽样定理是模拟信号数字化的理论依据。

抽样的过程是将输入的模拟信号与抽样信号相乘而得到的。通常抽样信号是一个周期为 $T_s$ 的周期脉冲信号，抽样后得到的信号称为抽样序列。理想的抽样信号为

$$\delta_T(t) = \sum_n \delta(t - nT_s) \tag{5-1}$$

其中，$\delta(t) = \begin{cases} 1 & (t=0) \\ 0 & (t \neq 0) \end{cases}$，$f_s = \dfrac{1}{T_s}$ 称为抽样速率。因此抽样后信号为

$$x_s(t) = x(t)\delta_T(t) = \sum_{k=-\infty}^{\infty} x(nT_s)\delta(t - nT_s) \tag{5-2}$$

根据信号是低通型的还是带通型的，抽样定理分低通抽样定理和带通抽样定理。

### 5.2.1 低通抽样定理

一个频带限制在 $(0, f_H)$ 内的连续信号 $x(t)$，如果以 $T_s \leq 1/(2f_H)$ 的时间间隔对它进行均匀抽样，则 $x(t)$ 将被所得到的抽样值完全确定，可以由样值序列无失真地重建原始信号。$T_s = 1/(2f_H)$ 是抽样的最大间隔，称为奈奎斯特间隔。

设 $x(t)$ 为低通信号，抽样脉冲序列是一个周期性冲激函数 $\delta_T(t)$，抽样信号可看成是 $x(t)$ 与 $\delta_T(t)$ 相乘的结果，即

$$x_s(t) = x(t)\delta_T(t) = x(t) \sum_{n=-\infty}^{\infty} \delta(t - nT_s) = \sum_{n=-\infty}^{\infty} x(nT_s)\delta(t - nT_s) \tag{5-3}$$

低通信号的抽样定理可以从频域来理解，抽样的时域、频域对照如图 5-3 所示，根据频域卷积定理，$x_s(t)$ 的频域表达式为

$$X_s(\omega) = \frac{1}{2\pi}[X(\omega) * \delta_T(\omega)] = \frac{1}{T_s}\left[X(\omega) * \sum_{n=-\infty}^{\infty} \delta(\omega - n\omega_s)\right] = \frac{1}{T_s}\sum_{n=-\infty}^{\infty} X(\omega - n\omega_s) \tag{5-4}$$

由上式可见，在 $\omega_s$ 的整数倍（$n = \pm 1, \pm 2, \cdots$）处存在 $X(\omega)$ 的复制频谱。如图 5-3(c)所示，抽样后信号的频谱是原信号的频谱平移 $nf_s$ 后叠加而成的，因此如果不发生频谱重叠，则可以通过低通滤出原信号。

如果抽样频率 $\omega_s < 2\omega_H$，即抽样间隔 $T_s > 1/(2f_H)$，则抽样信号的频谱会发生混叠现象，此时不可能无失真地重建原始信号。

将抽样后的信号 $X_s(\omega)$ 通过截止频率为 $\omega_H$ 的低通滤波器，只允许低于 $\omega_H$ 的频率分量通

过,滤除更高的频率分量,从而恢复出原来被抽样的信号 $X(\omega)$。滤波器的作用等效于用一门函数与 $X_s(\omega)$ 相乘。低通滤波器的特性在图 5-3(c)上用虚线表示。在时域上就是与冲激响应 $h(t)$ 作卷积运算,即

$$\hat{x}(t) = h(t) * x_s(t) = \frac{1}{T_s} \sum_{n=-\infty}^{\infty} f(nT_s) \mathrm{Sa}[\omega_H(t - nT_s)] \quad (5-5)$$

式中,抽样信号 $\mathrm{Sa}(t) = (\sin t)/t$ 就是 $h(t)$,也就是 $H(\omega)$ 的傅里叶逆变换。图 5-3(d)从几何意义上来说,以每个抽样值为峰值画一个 Sa 函数的波形,则合成的波形就是 $x(t)$。

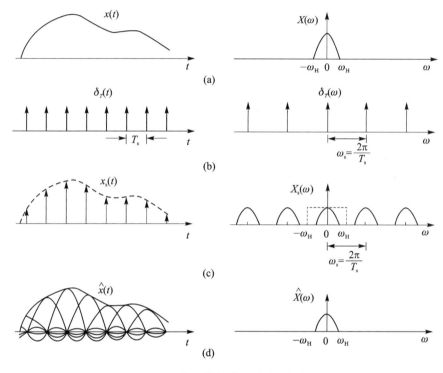

图 5-3 低通抽样的时域、频域对照

抽样定理是模拟信号数字化的重要理论基础,下面通过 MATLAB 中的 Simulink 仿真加深对抽样定理的理解。

【例 5-1】 输入信号为一频率为 10 Hz 的正弦波,观察对于同一输入信号有不同的抽样频率时恢复信号的不同形态。抽样仿真框图如图 5-4 所示。

(1) 抽样频率大于信号频率的 2 倍

各模块设置如下:

sine wave 模块位于 simulink sources 中,设置如图 5-5 所示。

Pulse Generator 模块位于 simulink sources 中,抽样频率取值为 30 Hz,大于信号最高频率的两倍,设置如图 5-6 所示。

Analog Filter Design 模块位于 DSP Blockset Filtering Filter Designs 中,设置如图 5-7 所示。

Gain 模块位于 simulink math operations 中,设置系数为 10。

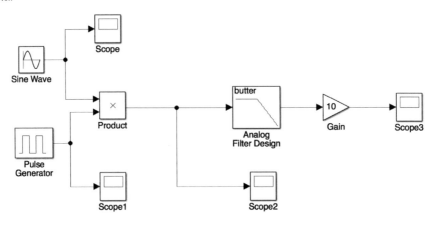

图 5-4 抽样仿真框图

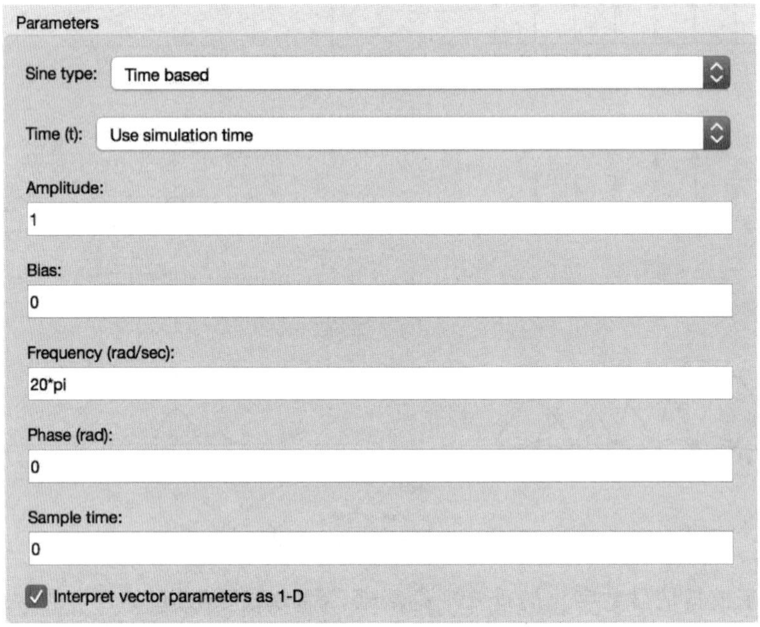

图 5-5 sine wave 模块参数设置

scope 显示原始的信号波形,如图 5-8 所示。

scope1 显示频率为 30 Hz 的脉冲抽样信号波形,如图 5-9 所示。

scope2 显示抽样后的信号波形,如图 5-10 所示。

scope3 显示通过低通滤波器后恢复的信号波形,如图 5-11 所示。

从图 5-8 与图 5-11 的对比可以看出,当抽样频率大于信号最高频率的 2 倍时,可以恢复出原始波形。

(2) 抽样频率等于信号频率的两倍

抽样频率为 20 Hz,Pulse Generator 模块的 Period 设置为 0.05,恢复信号波形如图 5-12 所示。

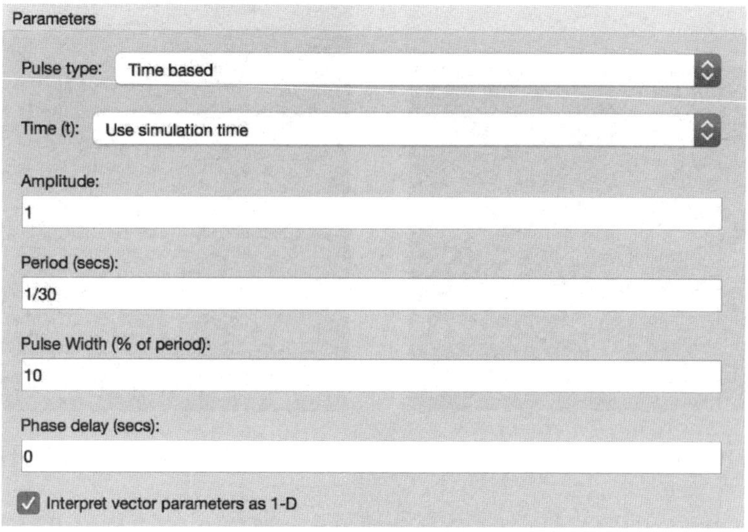

图 5-6  Pulse Generator 模块参数设置

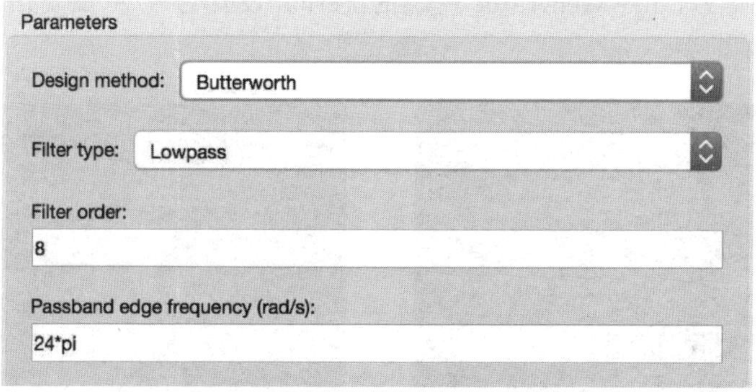

图 5-7  Analog Filter Design 模块参数设置

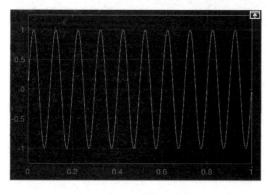

图 5-8  原始信号波形

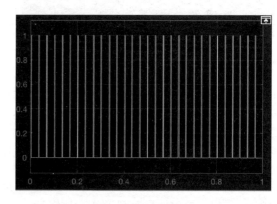

图 5-9  抽样信号波形

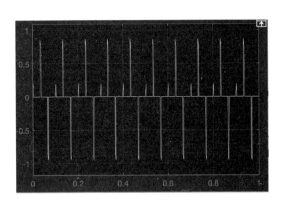

图 5-10 抽样后信号波形

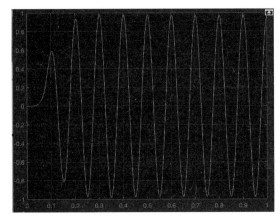

图 5-11 恢复的信号波形 1

从图 5-12 看出,当抽样频率等于信号最高频率的两倍时,可以恢复出原始波形。

(3) 抽样频率小于信号频率的两倍

抽样频率为 5 Hz,Pulse Generator 模块的 Period 设置为 0.2,恢复信号波形如图 5-13 所示。

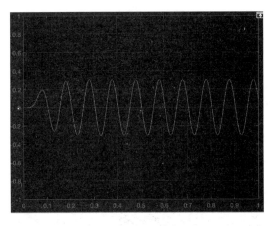

图 5-12 恢复的信号波形 2

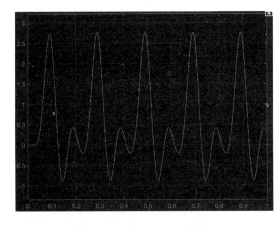

图 5-13 恢复的信号波形 3

从图 5-13 看出,当抽样频率小于信号频率的两倍时,恢复信号波形出现失真。

### 5.2.2 带通抽样定理

一个带通信号 $x(t)$,其频率限制在 $f_L$ 与 $f_H$ 之间,信号带宽为 $B=f_H-f_L$,如果最小抽样速率 $f_s=2f_H/N$,$N$ 是一个不超过 $f_H/B$ 的最大整数,那么可通过最低抽样速率为 $f_s=2B(1+M/N)$ 的抽样序列无失真地恢复。

## 5.3 量化

利用预先规定的有限个电平来表示模拟抽样值的过程称为量化。抽样把一个时间连续信号变换成时间离散的信号,但在幅度上仍然是连续的,因此仍属模拟信号。而量化则是将取值连续的抽样变成取值离散的抽样。量化后的抽样值取值称为量化值,也叫量化电平;量化值的个数称为量化级;相邻两个量化值之差称为量化间隔。

如图 5-2(c)所示,经过量化后,抽样值的取值发生了变化,无限取值的 $m(t)$ 变为有限取值的 $m_q(t)$。而接收端只能恢复出量化后的信号 $m_q(t)$,不能恢复出 $m(t)$,这就使恢复出的样值取值与原始样值取值发生误差。量化过程中丢失的信息是不可能再恢复的,因此,量化是一个信息有损的过程,将量化带来的信息损失称为量化误差或量化噪声。量化误差通常用均方误差来衡量。

假设 $v(t)$ 是均值为零、概率密度为 $f(x)$ 的平稳随机过程,取值范围为 $(a,b)$,并用简化符号 $m$ 表示 $m(kT_s)$,符号 $m_q$ 表示 $m_q(kT_s)$。上述量化误差 $e=m-m_q$ 通常称为绝对量化误差。相同的量化误差对不同大小信号的影响是不同的,因此在衡量系统性能时应看噪声与信号的相对大小,也就是绝对量化误差与信号之比,称为相对量化误差。相对量化误差反映了量化性能,用量化信噪比($S/N_q$)来衡量,它被定义为信号功率与量化噪声功率之比,即

$$\frac{S}{N_q}=\frac{E[m^2]}{E[(m-m_q)^2]} \tag{5-6}$$

信号功率为

$$S=E[m^2]=\int_a^b x^2 f(x)\mathrm{d}x \tag{5-7}$$

量化噪声功率为

$$N_q=E[(m-m_q)^2]=\int_a^b (x-m_q)^2 f(x)\mathrm{d}x \tag{5-8}$$

量化理论研究的是在给定输入信号概率密度及量化级数的条件下,如何使量化噪声的平均功率最小,量化信噪比最大。量化信噪比也是评价模拟信号数字化性能的主要指标。

### 5.3.1 标量量化

量化可分为标量量化和矢量量化。标量量化是对每个信号样值进行量化,而矢量量化是对一组信号样值进行量化。标量量化根据量化间隔是否相等又分为均匀量化和非均匀量化。这里只讨论标量量化。

标量量化中很重要的是要确定分区向量和码本向量。分区向量给出了量化间隔端点的向量,长度为 $N-1$,将输入信号分成 $N$ 个区域。码本向量长度为 $N$,为每个分区赋值。

在MATLAB通信系统工具箱中提供了 quantiz 函数产生量化索引和量化输出,语法如下:

格式一:index=quantiz(sig, partition);参数 sig 表示输入信号,参数 partition 表示分区向量。

功能：根据向量 partition，对输入信号 sig 产生量化索引 index，index 的长度与 sig 矢量的长度相同。向量 partition 则是由若干个边界判断点且各边界点的大小严格按升序排列组成的实矢量。若 partition 的矢量长度小于 $N-1$，则索引向量 index 中每个元素的大小为 $[0, N-1]$ 范围内的一个整数。量化方法如下：

① 输出 0　　　　　　　if　　sig ≤ partition(1)

② 输出 i　　　　　　　if　　partition(i) < sig ≤ partition(i+1)

③ 输出 $N-1$　　　　　if　　partition($N-1$) < sig

**【例 5-2】**

```
partition = [3,4,5,6,7,8,9];
index = quantiz([2 9 8],partition)

index =

    0
    6
    5
```

格式二：[index, quants] = quantiz(sig, partition, codebook);参数 codebook 表示码本向量。

功能：codebook 存放每个 partition 的量化值。根据码本 codebook，产生量化索引 index 和信号的量化值 quants。若 partition 的矢量长度为 $N-1$，则 codebook 长度为 $N$。

**【例 5-3】**

量化间隔端点的向量 partition 取值为 0、1、3，每个区间的取值为 -1、0.5、2、3，输入量化的离散信号为 [-2.4, -1, -.2, 0, .2, 1, 1.2, 1.9, 2, 2.9, 3, 3.5, 5]，先按照规则手动进行计算，再用 MATLAB 提供的 quantiz 函数进行验证。

① quants = -1　　　　if　　sig ≤ 0

② quants = 0.5　　　 if　　0 < sig ≤ 1

③ quants = 2　　　　 if　　1 < sig ≤ 3

④ quants = 3　　　　 if　　3 < sig

根据以上规则，输出 quants = [-1　-1　-1　-1　0.5　0.5　2　2　2　2　2　3　3]。

MATLAB 程序如下：

```
partition = [0,1,3];
codebook = [-1, 0.5, 2, 3];
sig = [-2.4, -1, -.2, 0, .2, 1, 1.2, 1.9, 2, 2.9, 3, 3.5, 5];
[index, quants] = quantiz(sig,partition,codebook);

index =

    0
```

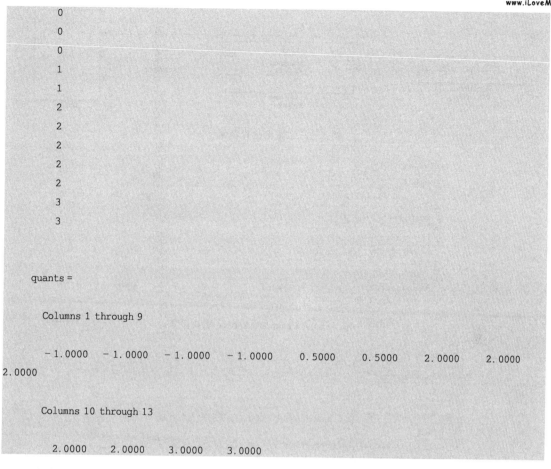

```
   0
   0
   0
   1
   1
   2
   2
   2
   2
   2
   3
   3


quants =

  Columns 1 through 9

  -1.0000   -1.0000   -1.0000   -1.0000    0.5000    0.5000    2.0000    2.0000
   2.0000

  Columns 10 through 13

   2.0000    2.0000    3.0000    3.0000
```

通过 MATLAB 程序运行结果验证计算结果正确。

在 Simulink Communication System Toolbox 的 Source Coding —— Quantizers Library Link 模块库中提供了 Scalar Quantizer Encoder、Scalar Quantizer Decoder、Scalar Quantizer Design 三个模块用于实现标量量化，如图 5-14 所示。

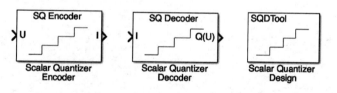

图 5-14 三个模块用于实现标量量化

【例 5-4】 量化条件与例 5-3 相同，用 Quantizing Encoder 模块构造一个量化模型，观察量化前后取值变化。量化仿真框图如图 5-15 所示。

Signal From Workspace 模块在"DSP System Toolbox——Sources 库"当中，这里提供输入信号。设置如图 5-16 所示。

Quantizing Encoder 模块在"Communication System Toolbox —— Source Coding 库"当中，如图 5-17 所示。

量化结果如图 5-18 所示，图上半部分为原始信号，图下半部分为量化后信号。

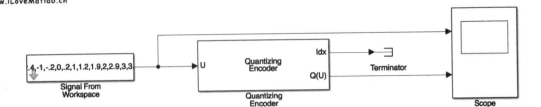

图 5-15　量化仿真框图

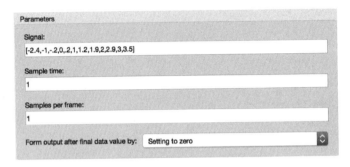

图 5-16　Signal From Workspace 模块设置

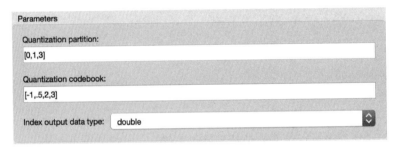

图 5-17　Quantizing Encoder 模块设置

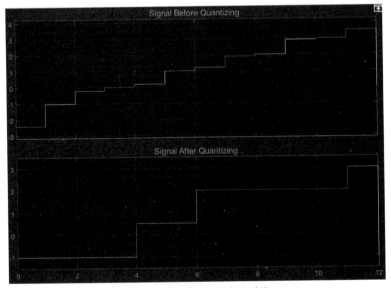

图 5-18　量化前后波形对比

格式三：[index, quants, distor] = quantiz(sig, partition, codebook)。
功能：产生量化索引 index、信号的量化值 quants 及量化误差 distor。

## 5.3.2 均匀量化

量化间隔相等的量化称为均匀量化。在均匀量化中，每个量化区间的量化值均取在各区间的中点。其量化间隔取决于样值取值的变化范围和量化级。

在一定的取值范围内，均匀量化的量化误差只与量化间隔有关。一旦量化间隔确定，无论抽样值大小，均匀量化噪声功率都是相同的。增大量化级，减小量化间隔，则量化误差会减小。但在实际中，过多的量化级将使系统的复杂性大大增加。量化级应根据量化信噪比的要求确定。

【例 5-5】 对一个正弦信号进行均匀量化，在图上同时显示出原始信号和量化后的信号，用"×"表示原始信号，用"."表示量化后的信号。

```
% example5_5
t = [0:.1:2*pi]; % Times at which to sample the sine function
sig = sin(t); % Original signal, a sine wave
partition = [-1:.2:1]; % Length 11, to represent 12 intervals
codebook = [-1, -0.9, -0.7, -0.5, -0.3, -0.1, 0.1, 0.3, 0.5, 0.7, 0.9, 1]; % Length 12, one entry for each interval
[index, quants, distor1] = quantiz(sig, partition, codebook); % Quantize
plot(t, sig, 'x', t, quants, '.')
axis([-.2 7 -1.2 1.2])
legend('original signal', 'quantized output')
[distor1] % Display mean square distortions

ans =

    0.0039
```

例 5-5 结果如图 5-19 所示。

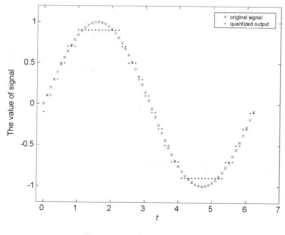

图 5-19 例 5-5 结果

**【例 5-6】** 增大量化级,观察量化级与量化误差之间的关系。输入信号与例 5-5 相同。

```
% example5_6
t = [0:.1:2*pi]; % Times at which to sample the sine function
sig = sin(t); % Original signal, a sine wave
partition = [-1:.1:1]; % Length 21, to represent 22 intervals
codebook = [-1,-0.95,-0.85,-0.75,-0.65,-0.55,-0.45,-0.35,-0.25,-0.15,-0.05,0.05,0.15,0.25,0.35,0.45,0.55,0.65,0.75,0.85,0.95,1]; % Length 22, one entry for each interval
[index,quants,distor2] = quantiz(sig,partition,codebook); % Quantize
plot(t,sig,'x',t,quants,'.')
axis([-.27 -1.2 1.2])
legend('original signal','quantized output')
[distor2] % Display mean square distortions

ans =

9.0210e-004
```

例 5-6 结果如图 5-20 所示。

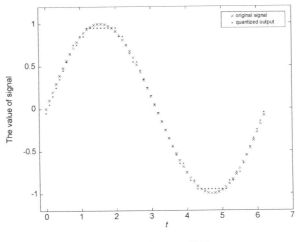

图 5-20 例 5-6 结果

根据例 5-5 与例 5-6 可以看出,在均匀量化中,量化级越大,量化误差越小,量化后的信号越逼近原信号。

我们希望减小误差,又不希望过多地增加量化级。

在均匀量化中信号幅值大的信号(大信号)与信号幅值小的信号(小信号)的绝对量化误差是相同的,但是同样大的噪声对大信号影响可能不大,但是对小信号可能造成严重后果,小信号的量化信噪比就难以达到给定的要求。因此采用非均匀量化的方法提高小信号的信噪比,又不过多地增加量化级。

### 5.3.3 非均匀量化

量化间隔不相等的量化称为非均匀量化。非均匀量化是根据信号的不同区间来确定不同的量化间隔的。具体地说,就是对小信号部分采用较小的量化间隔,而对大信号部分采用较大的量化间隔。这样可以较少的量化级数达到输入的动态范围的要求。非均匀量化的实现方法是将抽样值经过压缩后再进行均匀量化,如图 5-21 所示。这种思路称为压缩扩张法。

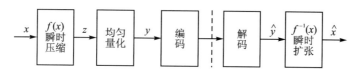

图 5-21 非均匀量化的压缩扩张实现

压缩器对小信号有较大的放大增益,而对大信号却比较小,相比之下,大信号好像被压缩了。压缩后的信号再进行均匀量化。在收信端,通过扩张器对小信号进行压缩,对大信号进行提升。为保证信号的不失真,压缩特性与扩张特性合成后是一条直线。

压缩特性通常采用对数压缩特性,压缩器的输出和输入之间近似呈对数关系。目前,语音信号的数字化采用两种对数压缩特性,中国和欧洲采用 $A$ 律压缩特性($A=87.56$),北美和日本采用 $\mu$ 律压缩特性($\mu=255$)。其压缩特性分别如下:

$$y = \begin{cases} \dfrac{Ax}{1+\ln A}, & 0 \leqslant x \leqslant \dfrac{1}{A} \\ \dfrac{1+\ln Ax}{1+\ln A}, & \dfrac{1}{A} \leqslant x \leqslant 1 \end{cases} \tag{5-9}$$

$$y = \dfrac{\ln(1+\mu x)}{\ln(1+\mu)}, \quad 0 \leqslant x \leqslant 1 \tag{5-10}$$

式中,$y$ 为归一化的压缩器输出电压,即实际输出电压与可能输出的最大电压之比;$x$ 为归一化的压缩器输入电压,即实际输入电压与可能输入的最大电压之比;$A$、$\mu$ 为压缩系数,表示压缩程度。

在 MATLAB 通信系统工具箱中提供了 compand 函数进行 $\mu$ 律和 $A$ 律压扩计算,语法如下:

- out=compand(in,Mu,maxim,'mu/compressor'),表示对输入向量 in 进行 $\mu$ 律压缩,参数 Mu 给定 $\mu$ 的值,maxim 表示输入信号的峰值;
- out=compand(in,Mu,maxim,'mu/expander'),表示对输入向量 in 进行 $\mu$ 律扩张;
- out=compand(in,A ,maxim,'A/compressor'),表示对输入向量 in 进行 $A$ 律压缩,参数 $A$ 给定 $A$ 的值,maxim 表示输入信号的峰值;
- out=compand(in,A ,maxim,'A/expander'),表示对输入向量 in 进行 $A$ 律扩张。

【例 5-7】 $\mu=255$ 的 $\mu$ 律压缩和扩张,输入向量 in 为 1~5,输入信号峰值设为 5 进行 $\mu$ 律压缩:

```
compressed = compand(1:5,255,5,'mu/compressor')

compressed =

    3.5628    4.1791    4.5417    4.7997    5.0000
```

输出 compressed 与输入 in 的峰值的维数相同。

以相同条件对 compressed 进行 $\mu$ 律扩张：

```
expanded = compand(compressed,255,5,'mu/expander')

expanded =

    1.0000    2.0000    3.0000    4.0000    5.0000
```

恢复出原始输入 in。从上例中可以看出，虽然单独的压缩或扩张对信号进行的是非线性变换，但是压缩特性和扩张特性合成后是一条直线，信号通过压缩再通过扩张等于通过线性电路，保证了信号的不失真。

【例 5-8】 均匀量化与非均匀量化的误差比较。

```
Mu = 255; % Parameter for mu-law compander
sig = -4:.1:4;
sig = exp(sig); % Exponential signal to quantize
V = max(sig);
% 1. Quantize using equal-length intervals and no compander.
[index,quants,distor] = quantiz(sig,0:floor(V),0:ceil(V));

% 2. Use same partition and codebook, but compress
% before quantizing and expand afterwards.
compsig = compand(sig,Mu,V,'mu/compressor');
[index,quants] = quantiz(compsig,0:floor(V),0:ceil(V));
newsig = compand(quants,Mu,max(quants),'mu/expander');
distor2 = sum((newsig-sig).^2)/length(sig);
[distor, distor2] % Display both mean square distortions.

ans =

    0.5348    0.0397
```

第一部分，采用相同量化间隔进行量化，也就是均匀量化，反映误差的返回值是 distor。

第二部分，虽然采用了相同的参数 partition 和 codebook 进行量化，但是量化之前进行了 $\mu$ 律压缩，属于非均匀量化，返回值 distor2 反映均方误差。

根据计算，distor = 0.5348，distor2 = 0.0397。很明显，非均匀量化产生的误差小于均匀量化产生的误差，说明非均匀量化对提高信噪比有改善。

在 Simulink 的 "Communication System Toolbox —— Source Coding 库"中提供了 4 个模块实现 A 律和 $\mu$ 律压扩，如图 5-22 所示。

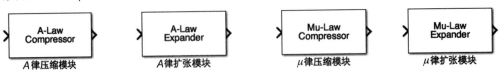

图 5-22　A 律和 $\mu$ 律压扩

【例 5-9】 利用 $\mu$ 律压缩模块和 $\mu$ 律扩张模块完成例 5-8,模块参数设置也与例 5-8 相同,$\mu$ 律压扩仿真框图如图 5-23 所示。

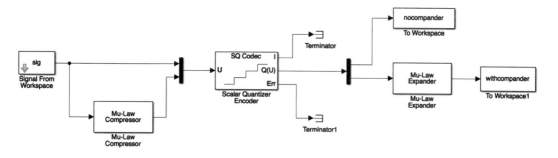

图 5-23　$\mu$ 律压扩仿真框图

执行命令：

```
distor = sum((nocompander - sig).^2)/length(sig);
distor2 = sum((withcompander - sig).^2)/length(sig);
[distor distor2]

ans =

    0.5348    0.0397
```

结果与例 5-8 相同。

$\mu$ 律和 $A$ 律都是 CCITT(国际电报电话咨询委员会)允许的标准。实际应用中,通常采用近似于理想特性曲线的折线来代替上述压缩特性。对于 $A$ 律曲线,采用 13 折线近似;对于 $\mu$ 律曲线,采用 15 折线近似。

图 5-24 为 $A$ 律 13 折线第一象限图,因为压缩特性形状呈原点奇对称,所以负方向第三

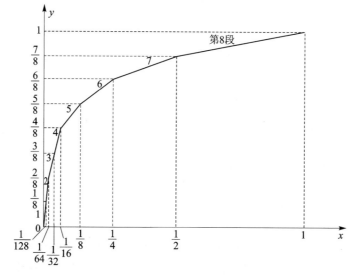

图 5-24　$A$ 律 13 折线

象限也有 8 段折线，由于正向一、二段斜率与负向一、二段斜率相同，都为 16，所以这 4 条折线合为一条折线，总共就是(8−2)×2+1=13 条折线。表 5-1 为 13 折线参数表。图 5-25 为 $\mu$ 律 15 折线第一象限图，因为压缩特性形状呈原点奇对称，所以正、负方向各有 8 段折线，由于正向一段斜率与负向一段斜率相同，所以这 2 条折线合为一条折线，总共就是 15 条折线。表 5-2 为 15 折线参数表。

表 5-1  A 律 13 折线参数表

| y | 0 | 1/8 | 2/8 | 3/8 | 4/8 | 5/8 | 6/8 | 7/8 | 1 |
|---|---|-----|-----|-----|-----|-----|-----|-----|---|
| 折线分段时的 x | 0 | 1/128 | 1/64 | 1/32 | 1/16 | 1/8 | 1/4 | 1/2 | 1 |
| 段 落 | 1 | 2 | 3 | 4 | 5 | 6 | 7 | 8 | |
| 斜 率 | 16 | 16 | 8 | 4 | 2 | 1 | 1/2 | 1/4 | |

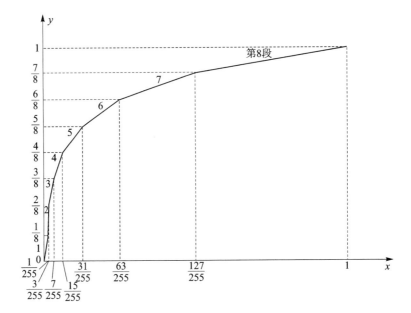

图 5-25  $\mu$ 律 15 折线

表 5-2  $\mu$ 律 15 折线参数表

| y | 0 | 1/8 | 2/8 | 3/8 | 4/8 | 5/8 | 6/8 | 7/8 | 1 |
|---|---|-----|-----|-----|-----|-----|-----|-----|---|
| 折线分段时的 x | 0 | 1/255 | 3/255 | 7/255 | 15/255 | 31/255 | 63/25 | 127/255 | 1 |
| 段 落 | 1 | 2 | 3 | 4 | 5 | 6 | 7 | 8 | |
| 斜 率 | 32 | 16 | 8 | 4 | 2 | 1 | 1/2 | 1/4 | |

【例 5-10】
① 画出 A 律 13 折线近似的压缩特性曲线，与 A=87.56 对应的压缩特性曲线进行比较。
② 画出 $\mu$ 律 15 折线近似的压缩特性曲线，与 $\mu$=255 对应的压缩特性曲线进行比较。
MATLAB 程序如下：

```
% example5_10
clear all
close all
dx = 0.01;
x = -1:dx:1;
u = 255;
A = 87.6;
% u Law
yu = sign(x).*log(1+u*abs(x))/log(1+u);
% A Law
for i = 1:length(x)
if abs(x(i))<1/A
ya(i) = A*x(i)/(1+log(A));
else
ya(i) = sign(x(i))*(1+log(A*abs(x(i))))/(1+log(A));
end
end
figure(1)
plot(x,yu,'k.:','LineWidth',1.5)
title('\mu Law')
xlabel('x')
ylabel('y')
grid on
hold on
xx = [-1,-127/255,-63/255,-31/255,-15/255,-7/255,-3/255,-1/255,1/255,3/255,7/255,15/255,31/255,63/255,127/255,1];
yy = [-1,-7/8,-6/8,-5/8,-4/8,-3/8,-2/8,-1/8,1/8,2/8,3/8,4/8,5/8,6/8,7/8,1];
plot(xx,yy,'r','LineWidth',1.5)
stem(xx,yy,'b-.','LineWidth',1,'MarkerSize',10)
legend('\mu Law compression','the broken-line approximation of \mu Law','Location','southeast')
figure(2)
plot(x,ya,'k.:','LineWidth',1.5)
title('A Law')
xlabel('x')
ylabel('y')
grid on
hold on
xx = [-1,-1/2,-1/4,-1/8,-1/16,-1/32,-1/64,-1/128,1/128,1/64,1/32,1/16,1/8,1/4,1/2,1];
yy = [-1,-7/8,-6/8,-5/8,-4/8,-3/8,-2/8,-1/8,1/8,2/8,3/8,4/8,5/8,6/8,7/8,1];
plot(xx,yy,'r','LineWidth',1.5)
stem(xx,yy,'b-.','LineWidth',1,'MarkerSize',10)
legend('A Law compression','the broken-line approximation of A Law','Location','southeast')
```

由图 5-26 可见，13 折线各段落的分界点与 $A=87.56$ 曲线十分逼近，并且两特性起始段的斜率均为 16，这就是说，13 折线非常逼近 $A=87.56$ 的对数压缩特性。在 $A$ 律特性分析中可以看出，取 $A=87.56$ 有两个目的：一是使特性曲线原点附近的斜率凑成 16；二是使 13 折线逼近时，$x$ 的八个段落量化分界点近似于按 2 的幂次递减分割，有利于数字化。由图 5-27 可见，15 折线非常逼近 $\mu=255$ 的对数压缩特性。

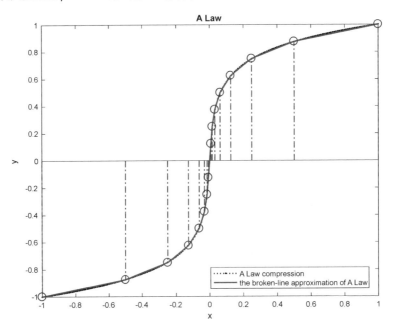

图 5-26　$A$ 律 13 折线

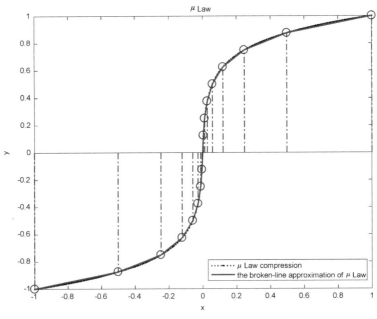

图 5-27　$\mu$ 律 15 折线

## 5.4 PCM 编码

脉冲编码调制第三步就是编码,是把量化后的信号变换成代码的过程。其逆过程称为译码。编码的原理是:把量化后的所有量化级,按其量化电平的大小按次序排列起来,并列出各对应的码字。PCM 编码中一般采用二进制编码,常用的二进制码型有自然码和折叠码等。目前国际上多采用 8 位编码的 PCM 系统,输入的信号经过抽样、量化后,每个抽样值编码成 8 个比特的二进制码组。编码不仅用于通信,还广泛用于计算机、数字仪表、遥控遥测等领域。

语音信号数字化国际标准 G.711 采用的是折叠码型。其建议的 A 律 13 折线编码规则中,普遍采用 8 位二进制码,对应有 $M=2^8=256$ 个量化级,即正、负输入幅度范围内各有 128 个量化级。每根折线为一个区间,正负各 8 个区间。每个区间又均匀量化成 16 个量化电平。13 折线编码码位的安排按照极性码、段落码、段内码的顺序。

A 律 PCM 编码规则如下:

| 极性码 | 段落码 | 段内码 |
|--------|--------|--------|
| C1 | C2C3C4 | C5C6C7C8 |

C1——极性码,1 为正,0 为负,表示信号的正、负极性;
C2C3C4——段落码,表示信号绝对值处在 8 个区间中的哪个区间;
C5C6C7C8——段内码,表示区间中的 16 个均匀量化级。
段落码和段内码分别如表 5-3 和表 5-4 所列。

表 5-3 段落码

| 段落序号 | 段落码 | | |
|---|---|---|---|
| | $C_2$ | $C_3$ | $C_4$ |
| 8 | 1 | 1 | 1 |
| 7 | 1 | 1 | 0 |
| 6 | 1 | 0 | 1 |
| 5 | 1 | 0 | 0 |
| 4 | 0 | 1 | 1 |
| 3 | 0 | 1 | 0 |
| 2 | 0 | 0 | 1 |
| 1 | 0 | 0 | 0 |

表 5-4 段内码

| 量化级 | 段内码 | | | |
|---|---|---|---|---|
| | $c_5$ | $c_6$ | $c_7$ | $c_8$ |
| 15 | 1 | 1 | 1 | 1 |
| 14 | 1 | 1 | 1 | 0 |
| 13 | 1 | 1 | 0 | 1 |
| 12 | 1 | 1 | 0 | 0 |
| 11 | 1 | 0 | 1 | 1 |
| 10 | 1 | 0 | 1 | 0 |
| 9 | 1 | 0 | 0 | 1 |
| 8 | 1 | 0 | 0 | 0 |
| 7 | 0 | 1 | 1 | 1 |
| 6 | 0 | 1 | 1 | 0 |
| 5 | 0 | 1 | 0 | 1 |
| 4 | 0 | 1 | 0 | 0 |
| 3 | 0 | 0 | 1 | 1 |
| 2 | 0 | 0 | 1 | 0 |
| 1 | 0 | 0 | 0 | 1 |
| 0 | 0 | 0 | 0 | 0 |

在13折线编码方法中,虽然各段内的16个量化级是均匀的,但因区间长度不等,故不同区间的量化级是非均匀的。小信号时,区间短,量化间隔小;反之,量化间隔大。

【例5-11】 设输入信号抽样值为+1 270个量化单位,按照A律13折线特性编成8位码。

量化单位指以输入信号归一化值的1/2 048为单位。

MATLAB程序如下:

```
% example5_11
clear all
close all

x = +1270;
if x>0
out(1) = 1;
else
out(1) = 0;
end

if abs(x)>=0 & abs(x)<16
out(2) = 0; out(3) = 0; out(4) = 0; step = 1; st = 0;
elseif 16<=abs(x) & abs(x)<32
out(i,2) = 0; out(3) = 0; out(4) = 1; step = 1; st = 16;
elseif 32<=abs(x) & abs(x)<64
out(2) = 0; out(3) = 1; out(4) = 0; step = 2; st = 32;
elseif 64<=abs(x) & abs(x)<128
out(2) = 0; out(3) = 1; out(4) = 1; step = 4; st = 64;
elseif 128<=abs(x) & abs(x)<256
out(2) = 1; out(3) = 0; out(4) = 0; step = 8; st = 128;
elseif 256<=abs(x) & abs(x)<512
out(2) = 1; out(3) = 0; out(i,4) = 1; step = 16; st = 256;
elseif 512<=abs(x) & abs(x)<1024
out(2) = 1; out(3) = 1; out(i,4) = 0; step = 32; st = 512;
elseif 1024<=abs(x) & abs(x)<2048
out(2) = 1; out(3) = 1; out(4) = 1; step = 64; st = 1024;
else
out(2) = 1; out(3) = 1; out(4) = 1; step = 64; st = 1024;
end

if(abs(x)>=2048)
out(2:8) = [1 1 1 1 1 1 1];
else
tmp = floor((abs(x) - st)/step);
```

```
t = dec2bin(tmp,4) - 48; % ?? dec2bin ???? ASCII ???? 48 ?? 0
out(5:8) = t(1:4);
end

out = reshape(out,1,8)

out =

    1    1    1    1    0    0    1    1
```

运行结果显示,+1270 的 A 律 PCM 编码为: 1    1    1    1    0    0    1    1。它表示输入抽样值处于第 8 段 3 量化级,其量化电平为 1 216 个量化单位,量化误差等于 54 个量化单位。

## 5.5 DPCM

在 PCM 编码中,每个抽样值都进行独立编码,造成编码需要较多的位数。然而相邻抽样值间有一定的相关性,利用其相关性对相邻样值的差值进行编码就是差分 PCM(DPCM)。DPCM 是最广泛的预测量化方法,预测量化是根据前面传输的信号来预测下一个信号。在发送端对预测误差进行量化得到量化编码,在接收端用解码器将量化编码恢复。

MATLAB 通信工具箱提供了函数 dpcmenco 和 dpcmdeco 来进行信源编码和解码。

dpcmenco(差分脉冲编码调制)函数语法如下:

"indx=dpcmenco(sig,codebook,partition,predictor);"对向量进行编码。

"[indx,quants]=dpcmenco(sig,codebook,partition,predictor);"参数 predictor 为预测传递函数,如果传递函数的阶数为 $M$,那么参数 predictor 的阶数为 $M+1$,初始值为 0。

dpcmdeco(差分脉冲编码解调)函数语法如下:

"sig=dpcmdeco(indx,codebook,predictor);"对向量进行解码,其中参数 codebook 和 predictor 必须与编码中使用的参数相同。

"[sig,quanterror]=dpcmdeco(indx,codebook,predictor);"返回向量 quanterror 为基于量化参数的预测误差的量化。

利用函数 dpcmenco 和 dpcmdeco 来完成信源编码和解码,比较前后信号。

【例 5 - 12】 用 DPCM 量化当前信号与前一信号的差值,预测器为 $y(k)=x(k-1)$,完成对一锯齿信号的编码和解码。

MATLAB 程序如下:

```
% example5_12
predictor = [0 1]; % y(k) = x(k-1)
partition = [-1:.1:.9];
codebook = [-1:.1:1];
```

```
t = [0:pi/50:2 * pi];
x = sawtooth(3 * t);  % Original signal
% Quantize x using DPCM.
encodedx = dpcmenco(x,codebook,partition,predictor);
% Try to recover x from the modulated signal.
decodedx = dpcmdeco(encodedx,codebook,predictor);
plot(t,x,t,decodedx,'--')
distor = sum((x - decodedx).^2)/length(x)  % Mean square error

distor =

    0.0327
```

例 5-12 结果如图 5-28 所示。

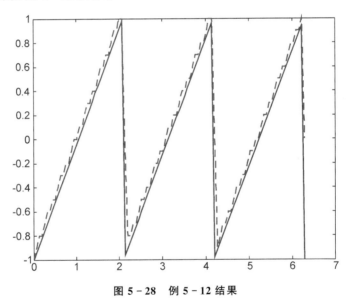

图 5-28　例 5-12 结果

图 5-28 同时表示出原始信号和通过编码解码后的信号,实线表示原始锯齿信号,虚线表示通过编码、解码后的信号。从图上看出信号间存在误差,通过计算,误差 distor＝0.032。

# 第 6 章 数字信号基带传输

通信的根本任务是远距离传输信息,因而如何准确地传输数字信息是数字通信的一个重要组成部分。在数字传输系统中,通常其传输对象是二元数字信息,设计数字传输系统的基本考虑是选择一组有限的离散的波形来表示数字信息。这些离散波形可以是未经调制的不同电平信号,称为数字基带信号。在某些情况下,数字基带信号可以直接传输,称为数字信号基带传输。

## 6.1 数字基带信号的码型

由于数字基带信号是数字信息的电脉冲表示,不同形式的数字基带信号(又称为码型)具有不同的频谱结构和功率谱分布,所以合理地设计数字基带信号可以使数字信息变换为适合于给定信道传输特性的频谱结构,这样一个问题又称为数字信息的码型转换问题。

不同的码型有不同的优点,下面举例示意几种常用码型表示二元序列的结果。

【例 6-1】 用单极性非归零码来表示二元信息序列 10110001,画出波形示意图。

单极性非归零码是用电平 1 来表示二元信息中的"1",用电平 0 来表示二元信息中的"0",电平在整个码元的时间里不变,记作 SNRZ 码。波形如图 6-1 所示。

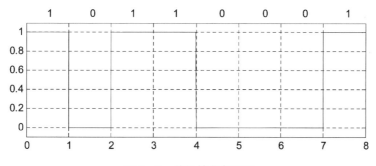

图 6-1 单极性非归零码

单极性非归零码的优点是实现简单,但由于含有直流分量,对在带限信道中传输不利,另外,当出现连续的 0 或连续的 1 时,电平长时间保持一个值,不利于提取时间信息以便获得同步。单极性非归零码的 MATLAB 实现如下(函数文件 snrz.m):

```
function y = snrz(x)
% 本函数实现将输入的一段二进制代码编为相应的单极性非归零码输出
% 输入 x 为二进制码,输出 y 为编出的单极性非归零码
t0 = 300;
t = 0:1/t0:length(x);
```

```
for i = 1:length(x)                    % 计算码元的值
    if(x(i) = = 1)                     % 如果信息为1,则该码元对应的点值取1
for j = 1:t0
            y((i-1) * t0 + j) = 1;
        end
    else
        for j = 1:t0
            y((i-1) * t0 + j) = 0;     % 反之,信息为0,码元对应点值取0
        end
    end
end

y = [y,x(i)];                          % 为了画图,注意要将y序列加上最后一位
M = max(y);
m = min(y);
subplot(2,1,1)
plot(t,y);grid on;
axis([0,i,m - 0.1,M + 0.1]);
% 可使用 title 命令标记各码元对应的二元信息,该标记信息的位置可在图形界面中编辑调整
% 如: title('1 0 1 1 0 0 0 1');
```

在命令窗口中键入如下命令即会出现如图 6-1 所示波形。

```
t = [1 0 1 1 0 0 0 1];
snrz(t);
```

【例 6-2】 用单极性归零码来表示二元信息序列 10110001,画出波形示意图。

单极性归零码与单极性非归零码的不同之处在于,输入二元信息为 1 时,给出的码元前半时间为 1,后半时间为 0,输入 0 则完全相同,记作 SRZ 码。波形如图 6-2 所示。

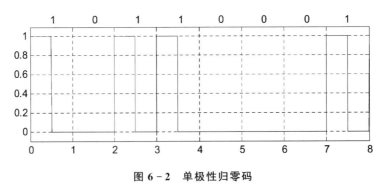

图 6-2 单极性归零码

单极性归零码部分解决了传输问题,直流分量减小,但遇到连续长 0 时同样无法给出定时信息。单极性归零码的 MATLAB 实现如下(函数文件 srz.m):

```
function y = srz(x)
% 本函数实现将输入的一段二进制代码编为相应的单极性归零码输出
% 输入 x 为二进制码,输出 y 为编出的单极性归零码
t0 = 200;
t = 0:1/t0:length(x);                    % 给出相应的时间序列

for i = 1:length(x)                      % 进行码型变换
    if(x(i) == 1)                        % 若输入信息为 1
        for j = 1:t0/2
            y(t0/2 * (2 * i - 2) + j) = 1;   % 定义前半时间值为 1
            y(t0/2 * (2 * i - 1) + j) = 0;   % 定义后半时间值为 0
        end
    else                                 % 反之,输入信息为 0
        for j = 1:t0/2
            y(t0 * (i - 1) + j) = 0;     % 定义所有时间值为 0
        end
    end
end

y = [y,x(i)];                            % 给序列 y 加上最后一位,便于作图
M = max(y);
m = min(y);
subplot(211)
plot(t,y);grid on;
axis([0,i,m - 0.1,M + 0.1]);
```

【例 6-3】 用双极性非归零码来表示二元信息序列 10110001,画出波形示意图。

双极性非归零码与单极性非归零码类似,区别仅在于双极性使用电平 -1 来表示信息 0,记作 DNRZ 码。波形如图 6-3 所示。

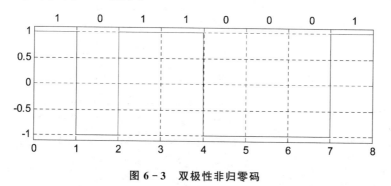

图 6-3 双极性非归零码

双极性非归零码的实现同单极性一样,只需将 snrz.m 中判断得到 0 信息后的语句 "y((i-1)* t0+j)=0;" 中的 0 改为 -1 即可。请读者自行编写相应的 MATLAB 函数文件。

【例 6-4】 用双极性归零码来表示二元信息序列 10110001,画出波形示意图。

双极性归零码比较特殊,它使用前半时间 1、后半时间 0 来表示信息 1;采用前半时间 -1,

后半时间 0 来表示信息 0。因此它具有三个电平,严格来说是一种三元码(电平 1,0,-1),记作 DRZ 码。波形如图 6-4 所示。

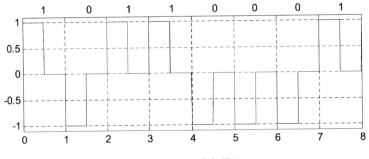

图 6-4 双极性归零码

双极性归零码包含了丰富的时间信息,每一个码元都有一个跳变沿,便于接收方定时。同时对随机信号,信息 1 和 0 出现概率相同,所以此种码元几乎没有直流分量。MATLAB 实现如下(函数文件 drz.m):

```
function y = drz(x)
% 本函数实现将输入的一段二进制代码编为相应的双极性归零码输出
% 输入 x 为二进制码,输出 y 为编出的双极性归零码
t0 = 300;
t = 0:1/t0:length(x);               % 定义对应的时间序列
for i = 1:length(x)                 % 进行码型变换
    if(x(i) == 1)                   % 若输入信息为 1
        for j = 1:t0/2
            y(t0/2*(2*i-2)+j) = 1;  % 定义前半时间值为 1
            y(t0/2*(2*i-1)+j) = 0;  % 定义后半时间值为 0
        end
    else                            % 反之,输入信息为 0
        for j = 1:t0/2
            y(t0/2*(2*i-2)+j) = -1; % 定义前半时间值为 -1
            y(t0/2*(2*i-1)+j) = 0;  % 定义后半时间值为 0
        end
    end
end
y = [y,x(i)];                       % 给序列 y 加上最后一位,便于作图
M = max(y);
m = min(y);
subplot(211)
plot(t,y);grid on;
axis([0,i,m-0.1,M+0.1]);
```

**【例 6-5】** 用数字双相码来表示二元信息序列 10110001,画出波形示意图。

数字双相码又称为曼彻斯特(Machester)码,此种码元方法采用一个码元时间的中央时刻从 0 到 1 的跳变来表示信息 1,从 1 到 0 的跳变来表示信息 0。或者说是前半时间用 0、后半时

间用 1 来表示信息 1;前半时间 1、后半时间 0 来表示信息 0。波形如图 6-5 所示。

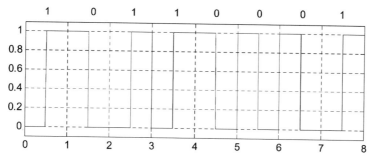

图 6-5　数字双相码

数字双相码的好处是含有丰富的定时信息,每一个码元都有跳变沿,遇到连续的 0 或 1 时不会出现长时间维持同一电平的现象。另外,虽然数字双相码有直流,但对每一个码元其直流分量是固定的 0.5,只要叠加 -0.5 就转换为没有直流了,实际上是没有直流的,方便传输。其 MATLAB 实现同双极性归零码的类似,只要将语句:

```
y(t0/2*(2*i-2)+j) = -1;
y(t0/2*(2*i-1)+j) = 0;
```

改为

```
y(t0/2*(2*i-2)+j) = 1;
y(t0/2*(2*i-1)+j) = 0;
```

即可(函数文件 machester.m)。

【例 6-6】 用条件字双相码来表示二元信息序列 10110001,画出波形示意图。

前面介绍的几种码都是只与当前的二元信息 0 或 1 有关,而条件双相码又称差分曼彻斯特码,不仅与当前的信息元有关,并且与前一个信息元也有关,确切地说,应该是同前一个码元的电平有关。条件双相码也使用中央时刻的电平跳变来表示信息,与数字双相码的不同之处在于:对信息 1,则前半时间的电平与前一个码元的后半时间电平相同,后半时间值与本码元前半时间值相反;对信息 0,则前半时间的电平与前一个码元的后半时间电平相反(即遇 0 取 1,遇 1 取 0),后半时间值与本码元前半时间值相反。波形如图 6-6 所示。

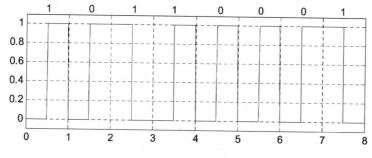

图 6-6　条件双相码

条件双相码的好处是,当遇到传输中电平极性反转时,前面介绍的几种码都会出现译码错误,而条件双相码却不会受极性反转的影响。MATLAB 实现如下(函数文件 dmachester.m):

```matlab
function y = dmachester(x)
% 本函数实现将输入的一段二进制代码编为相应的条件双相码输出
% 输入 x 为二进制码,输出 y 为编出的条件双相码
t0 = 100;
t = 0:1/t0:length(x);                      % 定义对应的时间序列

i = 1;                                     % 条件双相码的第一个信息元的值需事先假定
if(x(i) == 1)                              % 假定输入的第一个信息为 1
    for j = 1:t0/2
        y(t0/2 * (2 * i - 2) + j) = 0;     % 前半时间为 0
        y(t0/2 * (2 * i - 1) + j) = 1;     % 后半时间为 1
    end
else                                       % 反之,输入信息为 0
    for j = 1:t0/2
        y(t0/2 * (2 * i - 2) + j) = 1;     % 前半时间为 1
        y(t0/2 * (2 * i - 1) + j) = 0;     % 后半时间为 0
    end
end

for i = 2:length(x)                        % 从第二个信息起编码与前面的码元有关系
    if(x(i) == 1)                          % 若输入信息为 1
        for j = 1:t0/2
            y(t0/2 * (2 * i - 2) + j) = y(t0/2 * (2 * i - 3) + t0/4);
                                           % 前半时间与前一码元后半时间值相同
            y(t0/2 * (2 * i - 1) + j) = 1 - (y(t0/2 * (2 * i - 2) + j));
                                           % 后半时间值与本码元前半时间值相反
        end
    else                                   % 反之,输入信息为 0
        for j = 1:t0/2
            y(t0/2 * (2 * i - 2) + j) = 1 - y(t0/2 * (2 * i - 3) + t0/4);
                                           % 前半时间与前一码元后半时间值相反
            y(t0/2 * (2 * i - 1) + j) = 1 - (y(t0/2 * (2 * i - 2) + j));
                                           % 后半时间值与本码元前半时间值相反
        end
    end
end

y = [y, y(i * t0)];                        % 给序列 y 加上最后一位,便于作图
M = max(y);
m = min(y);
subplot(211)
plot(t,y);
axis([0,i,m - 0.1,M + 0.1]);
grid on;
```

【例 6-7】 用密勒码来表示二元信息序列 10110001,画出波形示意图。

密勒码是数字双相码的变形。它采用码元中央时刻跳变来表示信息 1,即前半时间的电平同前一码元后半时间的电平相同,中央跳变。遇到信息 0 作如下处理:首先对 0 的码元在整个码元时间内都保持同一电平值;其次若此 0 前一信息是 1,则码元的电平同前面信息 1 的码元后半时间电平相同,若前一信息为 0,则与前面码元的电平相反。波形如图 6-7 所示。

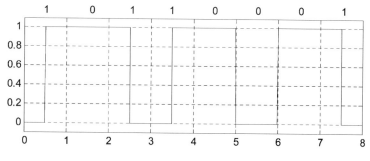

图 6-7 密勒码

密勒码同样克服了电平反转所带来的译码错误。密勒码中同一电平的最大宽度为两个码元时间,出现在遇到 101 这样的信息序列时。其 MATLAB 实现如下(函数文件 miler.m):

```
function y = miler(x)
% 本函数实现将输入的一段二进制代码编为相应的密勒码输出
% 输入 x 为二进制码,输出 y 为编出的密勒码
t0 = 100;
t = 0:1/t0:length(x);                    % 定义对应的时间序列
i = 1;
    if(x(i) = = 1)                       % 若输入信息为 1
        for j = 1:t0/2
            y(t0/2*(2*i-2)+j) = 0;       % 定义前半时间值为 0
            y(t0/2*(2*i-1)+j) = 1;       % 定义后半时间值为 1
        end
    else
        for j = 1:t0/2
            y(t0/2*(2*i-2)+j) = 0;       % 反之,输入信息为 0
            y(t0/2*(2*i-1)+j) = 0;       % 所有时间为 0
        end
end
for i = 2:length(x)                      % 开始进行密勒编码
    if(x(i) = = 1)                       % 输入信息为 1
        for j = 1:t0/2
            y(t0/2*(2*i-2)+j) = y(t0/2*(2*i-3)+t0/4);
            y(t0/2*(2*i-1)+j) = 1-y(t0/2*(2*i-2)+j);
        end
```

```
                else
                    if(x(i-1) = = 1)
for j = 1:t0/2
                            y(t0/2 * (2 * i - 2) + j) = y(t0/2 * (2 * i - 3) + t0/4);
                            y(t0/2 * (2 * i - 1) + j) = y(t0/2 * (2 * i - 3) + t0/4);
                        end
                    else
                        for j = 1:t0/2
                            y(t0/2 * (2 * i - 2) + j) = 1 - y(t0/2 * (2 * i - 3) + t0/4);
                            y(t0/2 * (2 * i - 1) + j) = 1 - y(t0/2 * (2 * i - 3) + t0/4);
                        end
                    end
                end
end
y = [y,y(i * t0)];                          %给序列 y 加上最后一位,便于作图
M = max(y);
m = min(y);
subplot(211)
plot(t,y);
axis([0,i,m - 0.1,M + 0.1]);
grid on;
```

## 6.2 码型的功率谱分布

### 6.2.1 理论分析

数字基带信号一般是随机信号,因此随机信号的频谱特性要用功率谱密度来分析。一般来说求解功率谱是一件相当困难的事,但由于上述几种码型比较简单,我们可以求出其功率谱。

假设数字基带信号为某种标准波形 $g(t)$ 在周期 $T_s$ 内传出去,则数字基带信号可用

$$s(t) = \sum_{-\infty}^{+\infty} a_n g(t - nT_s) \tag{6-1}$$

来表示,式中 $g(t)$ 为矩形波;$a_n$ 是基带信号在时间 $nT_s < t < (n+1)T_s$ 内的幅度值,由编码规律和输入信码决定;$T_s$ 为码元周期(即上节提及的码元时间)。

序列 $\{a_n\}$ 组成的离散随机过程的自相关函数为

$$R(k) = E(a_n a_{n+k}) \tag{6-2}$$

假设其为广义平稳,则基带信号的自相关函数为

$$R_s(t + \tau, t) = \sum_{-\infty}^{+\infty} \sum_{-\infty}^{+\infty} R(m - n) g(t + \tau - mT_s) g(t - nT_s) \tag{6-3}$$

上述的函数以 $T_s$ 为周期,可以称为周期性平稳随机过程。假设该周期性平稳随机过程为各态历经性的,则可导出平均功率谱密度计算公式为

$$\Phi_s(f) = \frac{1}{T_s}|G(f)|^2\left\{R(0) - E^2[a] + 2\sum_{k=1}^{\infty}[R(k) - E^2[a]]\cos(2\pi kfT_s)\right\} \quad (6-4)$$

其中 $G(f)$ 为波形 $g(t)$ 的傅氏变换。

$$E[a] = E[a_n] = \bar{a}_n$$
$$R(k) = E\{a_n a_{n+k}\} = \overline{a_n a_{n+k}} \quad (6-5)$$

除了上式的连续谱以外,还在频率为 $k/T_s$ 处有离散谱:

$$S\left(\frac{k}{T_s}\right) = \frac{2E^2[a]}{T_s^2}\left|G\left(\frac{k}{T_s}\right)\right|^2 \delta\left(f - \frac{n}{T_s}\right) \quad (6-6)$$

对单极性非归零码、单极性归零码、双极性非归零码和双极性归零码 4 种码,由于统计的独立性,$R(k) = E^2(a)$,于是上面连续谱的式子可以简化为

$$\Phi_s(f) = \frac{1}{T_s}|G(f)|^2\{R(0) - E^2[a]\} \quad (6-7)$$

此时,序列 $\{a_n\}$ 组成的离散随机过程的功率谱完全由脉冲 $g(t)$ 的频谱特性决定。

## 6.2.2 MATLAB 程序实现

单极性非归零码由于输入随机序列,对应的 0 和 1 的概率应该相等,若以电平 1 表示信息 1,电平 0 表示信息 0,则有 $a$ 的概率分布为

$$a_n = \begin{cases} 0, & \text{概率 } 1/2 \\ 1, & \text{概率 } 1/2 \end{cases}$$

单极性归零码 $a$ 的概率分布为

$$a_n = \begin{cases} 0, & \text{概率 } 3/4 \\ 1, & \text{概率 } 1/4 \end{cases}$$

双极性非归零码 $a$ 的概率分布为

$$a_n = \begin{cases} -1, & \text{概率 } 1/2 \\ 1, & \text{概率 } 1/2 \end{cases}$$

双极性归零码 $a$ 的概率分布为

$$a_n = \begin{cases} 0, & \text{概率 } 1/2 \\ 1, & \text{概率 } 1/4 \\ -1, & \text{概率 } 1/4 \end{cases}$$

计算出它们的均值和自相关函数在 $k=0$ 时的值(函数文件 jidaigailv.m):

```
function y = jidaigailv(x)
% 本函数计算输入的随机分布的均值和自相关函数在 k = 0 时的值
% 输入 x 为一离散随机分布的二维数组
% x(i,1)表示随机变量的取值,x(i,2)表示取该值的概率
E = 0;R0 = 0;
for i = 1:length(x)
```

```
        E = E + x(i,1) * x(i,2);              % 计算均值
        R0 = R0 + x(i,1) * x(i,1) * x(i,2);   % 计算自相关函数在 k=0 时的值
    end
disp('均值等于:');E
disp('自相关函数等于:');R0
```

为便于读者比较,故将仿真计算结果列在表 6-1 中。

表 6-1 四种基带数字传输码型均值、自相关函数值比较

| 码 型 | 输入概率分布矩阵 $X$ | 均值 $E$ | 自相关函数值 $R_0$ |
|---|---|---|---|
| SNRZ | [0 0.5;1 0.5] | 0.5000 | 0.5000 |
| SRZ | [0,0.75;1,025] | 0.2500 | 0.2500 |
| DNRZ | [1,0.5;−1,0.5] | 0 | 1 |
| DRZ | [1,0.25;−1,0.25;0,0.5] | 0 | 0.5000 |

根据前述公式以及表 6-1 可以看出,上述 4 种码型的功率谱(连续谱部分)分布基本相同,都是抽样函数 sinc($f$)的形式。不同之处:一是频谱宽度,由于归零码的变化是非归零码的 2 倍(中央有跳变),所以归零码的主瓣宽度是非归零码的 2 倍;二是幅度,这从计算结果可以直接看出。

对数字双相码和密勒码有所不同,直接给出计算公式,对数字双相码,其功率谱密度为(假定 $T_s=1$,幅度 $=1$):

$$\Phi_s(f) = (1-2P)^2 \sum_{-\infty}^{+\infty} \left(\frac{2}{n\pi}\right)^2 \delta\left(f - \frac{n}{T_s}\right) + 4P(1-P)\left[\frac{\sin^4(\pi f/2)}{(\pi f/2)^2}\right] \quad (6-8)$$

通常 $P=1/2$,因此没有离散谱分量。

密勒码的功率谱密度计算要用到概率论和随机过程中的马尔可夫过程的知识。根据其一步转移概率矩阵推出相关矩阵,从而求出功率谱密度:

$$\Phi(f) = \frac{23 - 2\cos x - 22\cos 2x - 12\cos 3x + 5\cos 4x + 12\cos 5x + 2\cos 6x - 8\cos 7x + 2\cos 8x}{2x^2(17 + 8\cos 8x)}$$

$$(6-9)$$

根据计算可以画出单极性非归零码、单极性归零码、双极性非归零码、双极性归零码、数字双相码和密勒码几种码的功率谱密度(假设传递的是纯随机信号,电压波形采用矩形波)图形,由于单极性非归零码、单极性归零码、双极性非归零码、双极性归零码这 4 种码型的功率谱(连续谱部分)分布基本相同,因此下面仅画出单极性非归零码、数字双相码和密勒码的功率谱密度(连续谱部分)图形,如图 6-8 所示。

这里为了方便读者观察,给出局部放大图,如图 6-9 所示。

作图的程序如下(gonglvpu.m):

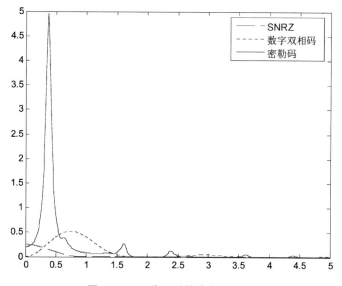

图 6-8　三种码型的功率谱分布

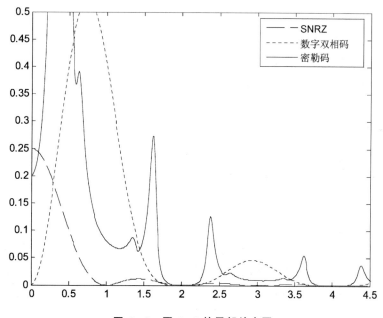

图 6-9　图 6-8 的局部放大图

```
x = 0:0.01:5;
                        % 计算单极性非归零码的功率谱,因 g(t)为矩形波,故 G(f)为抽样函数
y = sin(pi * x);
y = y./(pi * x);
y(1) = 1;
snrzgonglv = y.* y;
```

```
        snrzgonglv = snrzgonglv/4;

        y = sin(pi * x/2);                    % 计算数字双相码的功率谱
        y = y./(pi * x/2);
        y(1) = 1;
        machegonglv = sin(pi * x/2). * sin(pi * x/2);
        machegonglv = machegonglv. * y;
        machegonglv = machegonglv. * y;

        x = x * pi;                           % 计算密勒码的功率谱
        milergonglv = (23 - 2 * cos(x) - 22 * cos(2 * x) - 12 * cos(3 * x) + 5 * cos(4 * x) + 12 * cos(5 * x)
        + ... + 2 * cos(6 * x) - 8 * cos(7 * x) + 2 * cos(8 * x))./(17 + 8 * cos(8 * x));
        t = x. * x;
        milergonglv = milergonglv./t;
        milergonglv(1) = 0.2;
        x = x/pi;
        plot(x,snrzgonglv,'- -',x,machegonglv,':',x,milergonglv);    % 作图
        legend('snrzgonglv','machegonglv','milergonglv');  % 在图形窗的右上角绘制图中各条曲线的图例
```

本例仅仅是通过计算模拟的方式对三种码型的功率谱给出了定性的描绘,若要精确地绘制出基带码型的功率谱特性,仍需根据功率谱密度的定义,利用数字信号处理中的卷积变换、傅里叶变换等函数进行求解,这里不做详细介绍。

## 6.3 码间串扰

### 6.3.1 基带传输系统模型及码间串扰的定义

图 6.10(a)描述了典型基带传输系统的滤波问题。

整个系统(发送机、接收机和信道)中有各种类型的滤波器。在发送端,将脉冲或电平形式的消息符号进行调制,经滤波后变成符合带宽要求的脉冲。对于基带系统,信道中存在的分布电抗使脉冲信号失真。为了补偿发射机和信道引起的失真,接收滤波器通常是均衡滤波器。图 6.10(b)给出了这类系统的一个简单模型,它将所有的滤波作用等效为一个系统传输函数:

$$H(f) = H_t(f)H_c(f)H_r(f) \tag{6-10}$$

其中,$H_t(f)$表示发送滤波器,$H_c(f)$表示信道内的滤波器,$H_r(f)$表示接收滤波器。$H(f)$代表整个系统的传输函数。由于系统的滤波作用,接收脉冲之间会发生交迭,见图 6.10(b)。脉冲出现拖尾占据了相邻码元间隔,造成误差性能的降低,这类干扰称为码间串扰(InterSymbol Interference,ISI)。

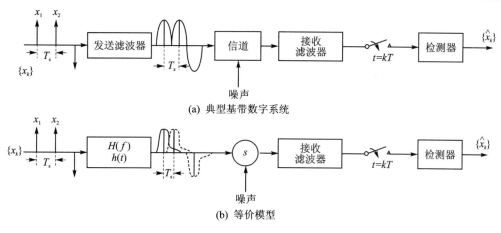

(a) 典型基带数字系统

(b) 等价模型

图 6-10 检测过程中的码间串扰

## 6.3.2 无码间串扰的传输条件

奈奎斯特研究了接收端不产生码间串扰的接收脉冲形状问题。他证明：要使码元传输速率为 $R_s$(Bd)的信号不存在码间串扰,理论上所需的最小系统带宽为 $R_s/2$（Hz）。最小系统带宽成立的条件是,系统传输函数 $H(f)$ 是如图 6.11(b)所示的矩形函数,系统的冲激响应即 $H(f)$ 的傅里叶变换为 $h(t)=\mathrm{sinc}(t/T_s)$,如图 6.11(a)所示（$T_s=1/R_s$）,$\mathrm{sinc}(t/T_s)$ 称为理想奈奎斯特脉冲。

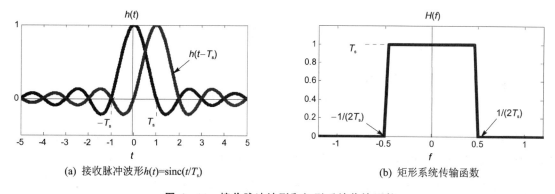

(a) 接收脉冲波形 $h(t)=\mathrm{sinc}(t/T_s)$

(b) 矩形系统传输函数

图 6-11 接收脉冲波形和矩形系统传输函数

奈奎斯特证明,若接收序列的每个脉冲都是 $\mathrm{sinc}(t/T_s)$ 形状,则脉冲序列的检测不受码间串扰的影响。图 6.11(b)说明了避免码间串扰的原因。图中有两个相邻脉冲 $h(t)$ 和 $h(t-T_s)$,$h(t)$ 具有很长的尾随脉冲,但在 $h(t-T_s)$ 的采样点即 $t=T_s$ 时刻,$h(t)=0$,同样地,在脉冲 $h(t-kT_s)(k=\pm 1,\pm 2,\cdots)$ 的采样时刻,$h(t)$ 的所有旁瓣取值都为零。由此可知,若采样时刻准确就不存在码间串扰。但理想奈奎斯特滤波器的传输函数形状为矩形,其相应的冲激响应为无限长,显然该滤波器是不可实现的,只能近似实现。MATLAB 脚本文件（sincrect.m）如下：

```
Ts = 1;                              % 码元周期

% 生成理想奈奎斯特脉冲 y1 = sinc(t/Ts)及它的相邻脉冲 y2 = sinc((x - Ts)/Ts)
x = linspace( -5,5,1000);
y1 = sinc(x/Ts);
y2 = sinc((x - Ts)/Ts);

f = linspace( -(Ts + 1),Ts + 1);     % 生成矩形传输函数
y = Ts. * rectpuls(f,Ts);

subplot(221)                         % 画图
plot(x,y1,x,y2)subplot(222)
plot(f,y);
axis([ -(Ts + .2),Ts + .2,0,Ts + 0.2]);
```

说明：图 6.11 上的注示均是利用 MATLAB 图形窗的图形编辑功能完成。

### 6.3.3 降低码间串扰的脉冲波形

一类常用的无码间串扰基带传输系统为升余弦滚降系统，即

$$H(f)=\begin{cases} T_s, & 0\leq |f| \leq \dfrac{1-\alpha}{2T_s} \\ \dfrac{T_s}{2}\left\{1+\cos\left[\dfrac{\pi T_s}{\alpha}\left(|f|-\dfrac{1-\alpha}{2T_s}\right)\right]\right\}, & \dfrac{1-\alpha}{2T_s}<|f|\leq \dfrac{1+\alpha}{2T_s} \\ 0, & |f|>\dfrac{1+\alpha}{2T_s} \end{cases} \quad (6-11)$$

其中 $\alpha$ 称为滚降系数。升余弦滚降系统的时域波形为

$$f(t)=\frac{\sin(\pi t/T_s)}{\pi t/T_s}\times\frac{\cos(\alpha\pi t/T_s)}{1-4\alpha^2 t^2/T_s^2} \quad (6-12)$$

【例 6-8】 用 MATLAB 画出 $\alpha=0$、$0.5$、$1$ 时的升余弦滚降系统频谱，并画出其各自对应的时域波形。作图程序如下，产生的图形如图 6-12 所示。

```
Ts = 1;                              % 码元周期
N_sample = 17;                       % 每码元抽样点数
dt = Ts/N_sample;                    % 采样间隔
df = 1.0/(20.0 * Ts);                % 频率分辨率

t = -10 * Ts:dt:10 * Ts;
f = -2/Ts:df:2/Ts;

alpha = [0,0.5,1];                   % 定义滚降系数矩阵

for n = 1:length(alpha)              % 计算升余弦滚降系统频域、时域波形
```

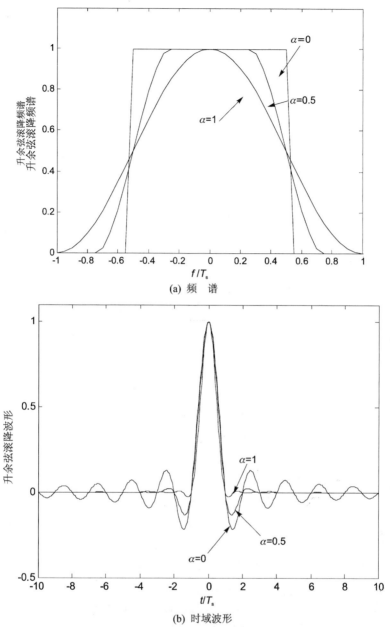

图 6-12 升余弦滚降系统频谱和时域波形

```
for k = 1:length(f)
    if abs(f(k))>0.5*(1+alpha(n))/Ts
        Xf(n,k) = 0;
    elseif abs(f(k))<0.5*(1-alpha(n))/Ts
        Xf(n,k) = Ts;
    else
        Xf(n,k) = 0.5*Ts*(1+cos(pi*Ts/(alpha(n)+eps)*(abs(f(k))-0.5*(1-alpha
            (n))/Ts)));
```

```
            end
        end
        xt(n,:) = sinc(t/Ts).*(cos(alpha(n)*pi*t/Ts))./(1 - 4*alpha(n)^2*t.^2/Ts^2 + eps);
end

figure(1)                        % 画出升余弦滚降系统时的频域波形
plot(f,Xf);
axis([-1 1 0 1.2]);
xlabel('f/Ts');ylabel('升余弦滚降频谱');
figure(2)
plot(t,xt);
axis([-10 10 -0.5 1.1]);
xlabel('t/Ts');ylabel('升余弦滚降波形');
```

实际上只能近似实现式(6-11)定义的滤波器和式(6-12)表述的脉冲。因为严格来讲，升余弦频谱不是物理可实现的(原因同理想奈奎斯特滤波器一样)。一个物理上可实现的滤波器必须是有限冲激响应，而且对某时刻输入脉冲的响应不能先于该时刻，这是升余弦特性的滤波器系列所不具备的。

### 6.3.4 眼图

**1. 定义**

评价基带传输系统性能的一种定性而方便的方法是观察接收端的基带信号波形。如果将接收波形输入示波器的垂直放大器，把产生水平扫描的锯齿波周期与码元定时同步(这时每个码元将重叠到间隔$(0,T_s)$上)，则在示波器屏幕上可以观察到类似于人眼的图案，称之为"眼图"(eye pattern)。在二元码时，一个码元周期内只能观察到一只"眼睛"，三元码时可以看到两只"眼睛"，对于$M$元码则有$(M-1)$只"眼睛"。满足无码间串扰的基带信号，由于在相邻抽样时刻的串扰恒为零，因而可以得到轮廓非常清晰的且在$M$个电平处会聚为一个点的眼图。如果不满足无码间串扰条件，则在抽样时刻的$M$个电平处不可能聚为一点，而呈发散状，从而"眼睛"中部的张开程度变小。"眼睛"的张开程度可以作为基带传输系统性能的一种度量，它不但可以反映串扰的大小，而且也可以反映信道噪声的影响。

眼图为基带传输系统的性能提供了大量的信息。在一般情况下：

- 眼图张开部分的宽度决定了接收波形可以不受串扰影响而抽样、重建的时间间隔，显然，抽样的最佳时刻是"眼睛"张开最大的时刻；
- "眼睛"在特定抽样时刻的张开高度决定了系统的噪声容限；
- "眼睛"的闭合斜率决定了系统对抽样定时误差的敏感程度，斜率愈大，对定时误差愈敏感。

**2. 眼图的函数形式及其在 Simulink 中的模块表示**

(1) eyediagram 函数

eyediagram 函数的完整定义格式为 eyediagram(x,n,period,offset,plotstring)，表示创建信号 x 的眼图。其中：

$x$——信号,$x$ 可能代表不同的意义,如表 6-2 所列;

$n$——每个轨迹包括的采样点数;

period——水平轴的坐标范围是 $[-\text{period}/2, \text{period}/2]$;

offset——偏置因子,信号的第(offset+1)个采样值之后每 $n$ 个值为一周期,且该周期为 period 的整数倍,offset 必须是非负整数,其范围是 $[0, n-1]$;

表 6-2 信号的同相和正交分量

| 信号格式 | 同相分量 | 正交分量 |
|---|---|---|
| 两列实矩阵 | 第一列 | 第二列 |
| 复向量 | 实部 | 虚部 |
| 实向量 | 向量内容 | 0 |

plotstring——绘制眼图时采用的符号、线型和颜色,其格式可参见 plot 函数的说明。

前 2 个参数为必选参数,后 3 个为可选参数,若不设置,则采用系统默认值,详见 MATLAB 帮助文件。

【例 6-9】 设有双极性不归零数字基带信号 $a_n$,码元周期为 $T_s$,$g(t)=\begin{cases}1, & 0 \leqslant t < T_s \\ 0, & \text{其他}\end{cases}$,加性高斯白噪声的双边功率谱密度为 $N_0/2=0$,画出眼图。

① 经过理想低通 $H(f)=\begin{cases}1, & |f| \leqslant 5/(2T_s) \\ 0, & \text{其他}\end{cases}$ 后的眼图;

② 经过理想低通 $H(f)=\begin{cases}1, & |f| \leqslant 1/T_s \\ 0, & \text{其他}\end{cases}$ 后的眼图。

作图程序如下:

```
% 画出双极性 NRZ 基带信号经带宽受限信号后造成码间干扰影响的眼图
N = 1000;                              % 数字序列长度
N_sample = 8;                          % 每码元抽样点数
Ts = 1;                                % 码元周期
dt = Ts/N_sample;                      % 采样间隔
t = 0:dt:(N * N_sample - 1) * dt;

gt = ones(1,N_sample);                 % 产生数字基带波形
d = sign(randn(1,N));                  % 利用随机数生成函数和符号函数生成数字序列
a = sigexpand(d,N_sample);             % 扩展输入数字序列,程序文件见后
st = conv(a,gt);                       % 生成数字基带信号

ht1 = 5 * sinc(5 * t/Ts);              % 问题(1)中理想低通 H(f)的傅里叶变换 h(t)
rt1 = conv(st,ht1);                    % 生成输出信号 rt1

ht2 = 2 * sinc(2 * t/Ts);              % 问题(2)中理想低通 H(f)的傅里叶变换 h(t)
rt2 = conv(st,ht2);                    % 生成输出信号 rt2

eyediagram(rt1 + j * rt2,40,5);        % 调用 MATLAB 函数画眼图,每个轨迹 40 个点,水平轴的坐标范围
                                       %   [-2.5,2.5]
```

```
function [out] = sigexpand(d,M)        % 将输入的序列扩成间隔为 N-1 个 0 的序列
N = length(d);
out = zeros(M,N);
out(1,:) = d;
out = reshape(out,1,M*N);
```

双极性 NRZ 信号经过理想低通后的眼图(有码间串扰)如图 6-13 所示。

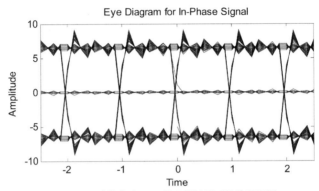

(a) 经过带宽为 $2.5/T_s$ 的理想低通后的信号眼图

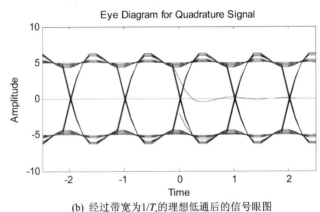

(b) 经过带宽为 $1/T_s$ 的理想低通后的信号眼图

图 6-13  双极性 NRZ 信号经过理想低通后的眼图(有码间串扰)

可以看到,双极性 NRZ 信号经过不同带宽的滤波器后,输出信号的码间串扰大小不同。

(2) 眼图模块表示

MATLAB 工具箱中有显示眼图的模块。

模块名称:眼图(Eye Diagram)。

位置:Communication System Toolbox\Comm Sinks。

图形及参数设置界面如图 6-14 所示。

【例 6-10】 产生一个二进制随机方波序列,画出通过升余弦滤波器滤波后,方波的高频分量成分滤掉后绘出的眼图。

思路:前面介绍了眼图的函数形式和模块表示,下面分别用两种方法产生所要的眼图。

方法一:

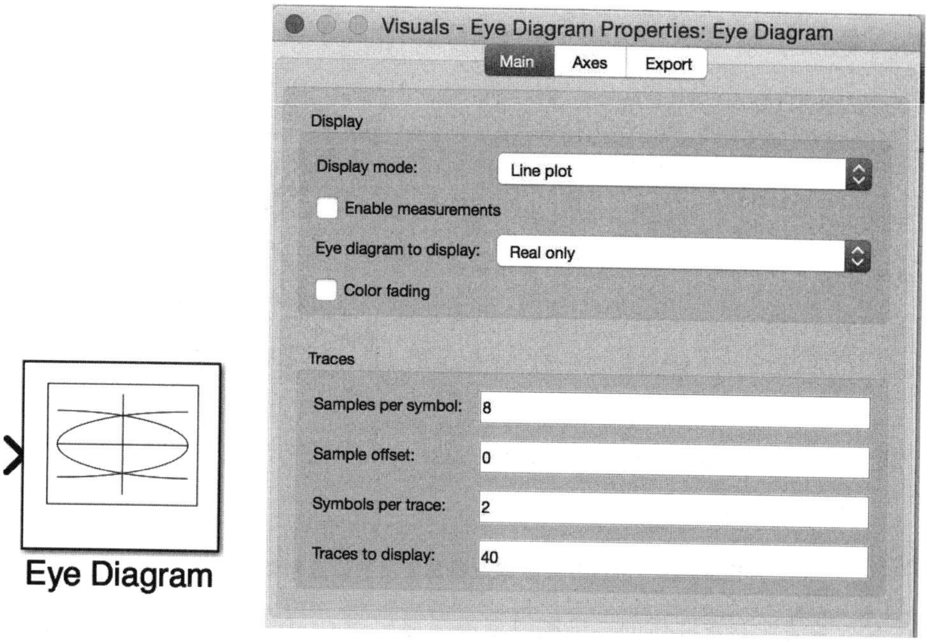

图 6-14 离散时间眼图模块及其参数设置

```
x = randi([0,1],3000,1);          %产生 3000 行 1 列的二进制随机数 x
y = [[0];rcosflt(x,1,10)];        %x 通过一个升余弦滤波器得到 y
figure(1)
t = 1:30061;
plot(t,y);axis([1,300,-.5,1.5]);  %绘出 y 的时域图形
grid on
eyediagram(y,20,4);               %调用 MATLAB 函数绘出 y 的眼图
t1 = t';
D = [t1 y];                       %y 与时间变量 t1 组成文件变量 D
```

通过升余弦滤波器滤波后的二进制数据流图形如图 6-15 所示。

方法二（利用 Simulink 建模，同时利用方法一中的数据 D，眼图模块的主要参数设置见表 6-3）：

表 6-3 离散时间眼图（Discrete Eye Diagram Scope）的主要参数

| 参数名称 | 参数值 |
| --- | --- |
| Samples per symbol（每符号抽样） | 40 |
| Offset(samples)（预置） | 20 |
| Symbols per trace（每轨迹符号数） | 5 |
| Tracesto display（显示的轨迹数） | 40 |
| Eye diagram to display（显示的眼图） | In-phase Only（仅显示同相分量） |

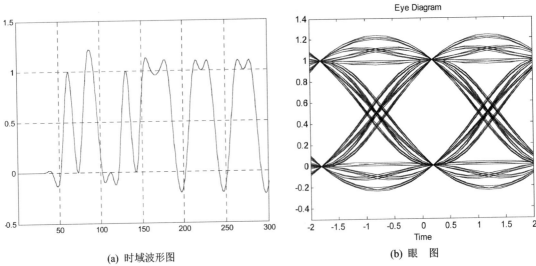

(a) 时域波形图　　　　　　　　　　(b) 眼　图

**图 6-15　通过升余弦滤波器滤波后的二进制数据流图形**

通过升余弦滤波器滤波后的二进制数据流图形如图 6-16 所示。

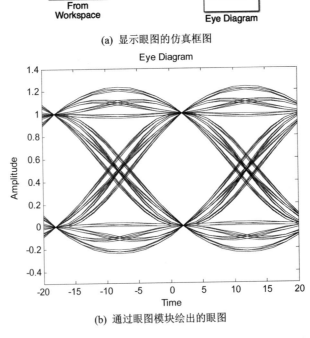

(a) 显示眼图的仿真框图

(b) 通过眼图模块绘出的眼图

**图 6-16　通过升余弦滤波器滤波后的二进制数据流图形**

(3) 眼图分析 APP

MATLAB 的 APPS 中还提供了一个可显示和测量各种信号损失影响的应用。

应用名称：眼图分析仪(Eye Diagram Analyzer)。

打开方式：选择 MATLAB 软件 Apps 菜单项,在 Signal Processing and Communications 下,单击名为 Eye Diagram Analyzer 的 app 图标即可;或者在 MATLAB 命令提示符后输入"eyescope"也可打开此应用。

图形及参数设置界面如图 6-17 所示。

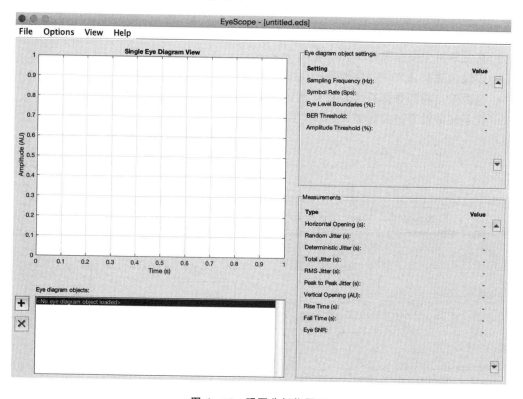

图 6-17 眼图分析仪界面

## 6.4 基带传输的差错率分析

传输差错率是指衡量通信系统传输质量的一种主要指标。常用的有以下两种定义：

① 码元差错率 $P_e$：发生差错码元数与传输码元总数之比,常用统计平均值表示。当统计的码元总数很大时,该比值与理论上的码元差错率很接近。有时简称为误码率。

② 比特差错率 $P_b$：传输的比特数与总比特数之比。简称为误比特率。用二元码传输时,$P_e = P_b$；而用 $M$ 元码传输时,二者不等。误比特率是数字通信系统性能评价的最常用指标。

在实际情况下,为了估计某个数字通信系统的差错率,通常都用 Monte Carlo 仿真来完成。蒙特卡罗(Monte Carlo)方法的基本思想是：为了求解数学、物理、工程技术等方面的问题,首先建立一个概率模型,使它的参数等于问题的解,然后通过对模型或过程在计算机上生成随机数来计算所求参数,最后给出所求解的近似值,而解的精度可由参数估值的标准差来表示。

为了用蒙特卡罗方法估计通信系统的误比特率,让 $N$ 个符号通过系统(实际上是系统的计算机仿真模型),并计算发送差错的个数 $N_e$。如果在 $N$ 次的符号发送中有 $N_e$ 次差错,则

比特差错概率为

$$\hat{P}_e = \frac{N_e}{N} \quad (6-13)$$

### 6.4.1 分析模型

下面给出通信系统的蒙特卡罗仿真模型,如图 6-18 所示。首先作以下假设:
- 在发射机中没有进行脉冲成形;
- 假设信道是 AWGN(加性高斯白噪声信道);
- 信源输出端的数据符号是相互独立和等概率的;
- 在系统中没有滤波处理,因此不存在码间串扰。

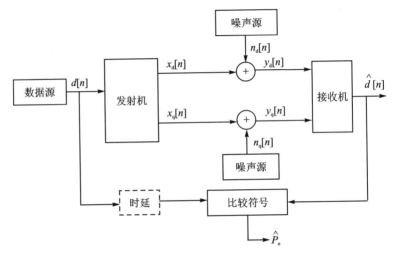

图 6-18 通信系统的蒙特卡罗仿真模型

有了这些假设,该系统模型的分析和仿真都极其简单。由于没有滤波,系统的时延为零,但在图 6-18 中仍然用虚线表示出时延模块,以提醒读者几乎所有的仿真都需要这个重要部分。

### 6.4.2 MATLAB 提供的分析工具

MATLAB 中提供了一种分析比特差错率的工具——Bit Error Rate Analysis Tool,它可用来计算和比较不同的调制方式、不同的差错控制编码方式和不同的信道噪声模型条件下通信系统的理论和实际比特差错率性能。

打开方式:选择 MATLAB 软件 Apps 菜单项,在 Signal Processing and Communications 下,单击名为 Bit Error Rate Analysis 的 App 图标即可;或者在 MATLAB 命令提示符后输入 "bertool"即可打开 Bit Error Rate Analysis 图形用户界面窗口,如图 6-19 所示。

BERTool 有以下功能:
- 产生一个通信系统的比特差错率数据。利用以下资源:
  - 选定类型的通信系统的理论比特差错率性能表达式;
  - 半解析技术(semianalytic technique);

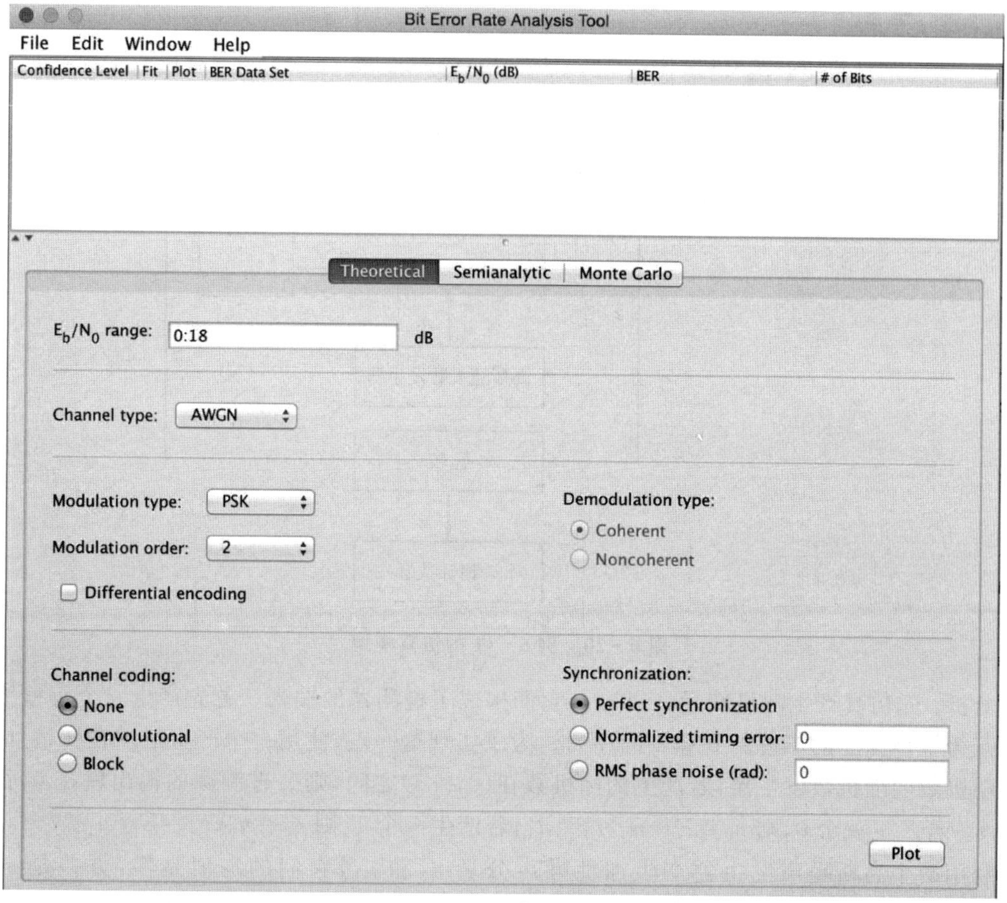

图 6-19 比特差错率分析工具

— 蒙特卡罗（Monte Carlo）仿真。

- 在同一个坐标系内画出一个或多个 BER 数据图，例如可以画图比较比特差错率的仿真数据与理论值的差别，或者比较来自同一个通信系统的一系列相似模型的比特差错率仿真数据。
- 根据一组仿真数据画出曲线图。
- 将 BER 数据输出到 MATLAB 工作空间或文件。

详细的使用方法请参考 MATLAB 联机帮助中关于 Bit Error Rate Analysis Tool 使用的说明与举例。

### 6.4.3 分析举例

前面介绍了 MATLAB 提供的差错率分析工具，利用它们可以直观地分析通信系统的差错率性能，但读者并不清楚这些分析工具的内涵，即它们的程序实现。下面通过举例说明 Monte Carlo 仿真估计二进制通信系统差错率的过程。

【例 6-11】 已知一个利用单极性不归零信号的二进制通信系统，用 Monte Carlo 仿真估计 $P_e$，并画出误码率 $P_e$ 与信噪比 SNR 的对比图。系统模型如图 6-20 所示。

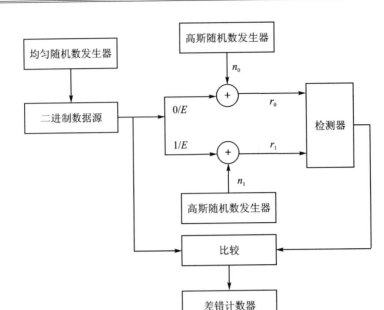

图 6-20 例 6-11 的仿真模型

**分析**：先仿真产生随机变量 $r_0$ 和 $r_1$，它们构成了检测器的输入。首先产生一个等概率出现并互为统计独立的二进制 0 和 1 的序列。为了实现这一点，使用一个产生范围在 $(0,1)$ 内的均匀随机数的随机数发生器，若产生的随机数在 $(0,0.5)$ 之间，则二进制源的输出就是 0，否则就是 1。若产生一个 0，则 $r_0 = E + n_0$，$r_1 = n_1$；若产生一个 1，则 $r_0 = n_0$，$r_1 = E + n_1$。

利用两个高斯噪声发生器产生加性噪声分量 $n_0$ 和 $n_1$，它们的均值是零，方差是 $\sigma^2 = EN_0/2$。为了方便，可以将信号能量归一化到 1($E=1$) 而改变 $\sigma^2$。应该注意，这样 SNR(定义为 $E/N_0$) 就等于 $1/(2\sigma^2)$。检测器的输出与二进制发送序列进行比较，差错计数器用来计数比特差错率。（注：因为是二进制通信系统，所以 $P_e = P_b$）

本例的 MATLAB 脚本如下所示：

```
% 例 6-11 的 MATLAB 脚本文件
SNRindB1 = 0:1:12;
SNRindB2 = 0:0.1:12;
for i = 1:length(SNRindB1)
    simu_err_prb(i) = snr2ps6_11(SNRindB1(i));      % 仿真计算差错率
end;
for i = 1:length(SNRindB2),
    SNR = exp(SNRindB2(i) * log(10)/10);
    theo_err_prb(i) = Qfunct(sqrt(SNR));             % 计算理论差错率
end;

semilogy(SNRindB1,smld_err_prb,'*');                 % 画差错概率比较图,使用半对数坐标
hold
```

```
semilogy(SNRindB2,theo_err_prb);
          legend('仿真结果','理论曲线')
```

```
function [p] = snr2ps6_11 (snr_in_dB)
% [p] = snr2ps6_11 (snr_in_dB)
% 计算信噪比给定时的差错概率
% snr_in_dB——  信号噪声比(dB)
E = 1;
SNR = exp(snr_in_dB * log(10)/10);              % 信号噪声比
sgma = E/sqrt(2 * SNR);                          % 定义噪声标准差
N = 10000;                                       % 定义数据比特数

% 产生二进制数据源
for i = 1:N,
  temp = rand;                                   % 产生一个(0,1)内的均匀量
  if (temp<0.5),
     dsource(i) = 0;                             % 若产生的随机数在(0,0.5)之间,则二进制源的
                                                 % 输出就是 0
  else
     dsource(i) = 1;                             % 反之,二进制源的输出就是 1
  end
end;

% 检测、计算差错概率
numoferr = 0;
for i = 1:N,
  % matched filter outputs
  if (dsource(i) = = 0),
     r0 = E + bmgauss(sgma);
     r1 = bmgauss(sgma);                         % 若二进制源的输出是 "0"
  else
     r0 = bmgauss(sgma);
     r1 = E + bmgauss(sgma);                     % 若二进制源的输出是 "1"
  end;
  % Detector follows.
  if (r0>r1),
     decis = 0;                                  % 判决为 "0"
  else
     decis = 1;                                  % 判决为 "1"
  end;
  if (decis~ = dsource(i)),                      % 若判决结果不等于二进制源输出结果,则差
                                                 % 错计数器加 1
```

```
            numoferr = numoferr + 1;
        end;
    end;
    p = numoferr/N;                              % 计算差错率

    function [y] = Qfunct(x)                     % Q 函数的计算
```
该函数数学表达式为 $y(x) = \dfrac{1}{\sqrt{2\pi}} \int_{x}^{+\infty} e^{-t^2/2} dt$ 或 $y(x) = \dfrac{1}{2} \mathrm{erfc}\left(\dfrac{x}{\sqrt{2}}\right)$

```
    y = (1/2) * erfc(x/sqrt(2));
```

图 6-21 表示在几个不同的 SNR 值下,传输 $N=10\,000$ 个比特时的仿真结果。从图中可以看出,仿真结果与理论值在低信噪比下完全一致,而在高信噪比下一致性稍差。这一现象表明:当 SNR 增加时,仿真估计的可靠性会变差,这是由于差错发生次数减少的缘故。

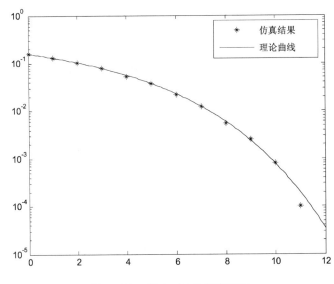

图 6-21　例 6-11 的仿真结果

# 第 7 章 载波调制

调制的目的是把信号转换成适合在信道中传输的形式,在实际中常用的调制方式是载波调制。载波调制就是用调制信号(来自信源的基带信号)去控制载波(周期性振荡信号,较多采用正弦波)的参数,使载波的一个或几个参数按照调制信号的规律变化。如果调制信号是模拟信号,则调制过程称为模拟调制;如果调制信号是数字信号,则调制过程称为数字调制。调制后的信号称为已调信号,它含有调制信号的全部特征。

通过调制,可以达到以下几个目的:提高无线通信时的天线辐射效率;把多个基带信号分别搬移到不同的载频处,以实现信道的多路复用,提高信道利用率;扩展信号带宽,提高系统抗干扰、抗衰落力。

## 7.1 模拟调制

在通信原理课程中,大家学习了模拟调制的基本原理,知道模拟调制可以分为幅度调制(线性调制)和角度调制(非线性调制)两大类,其中 AM、DSB、SSB 等是典型的幅度调制方式,FM、PM 是角度调制方式。虽然目前数字调制方式发展很迅猛,但模拟调制的理论和技术却是数字调制的基础,有些典型的模拟调制方式,如广播中的 AM、FM 等在实际中依然有着比较广泛的应用。

### 7.1.1 标准 AM 调制

标准 AM 调制的原理比较简单,只需调制信号 $m(t)$ 加上直流信号 $A_0$,再与载波信号 $\cos(w_c t)$ 相乘即可。这样,进行标准 AM 调制后的已调信号就可以表示为

$$s_{AM}(t) = [A_0 + m(t)]\cos \omega_c t = A_0 \cos \omega_c t + m(t)\cos \omega_c t$$

式中,$m(t)$ 为调制信号;$A_0$ 为常数,表示叠加的直流分量。需要注意的是,为能够使用包络检波的方式进行解调,要求 $|m(t)| \leqslant A_0$。调制过程的时域波形如图 7-1 所示。

AM 调制的模型原理如图 7-2 所示。

【例 7-1】 设调制信号 $m(t) = \cos(2\,000\pi t)$,直流信号 $A_0 = 3$,载波频率 $f_c = 10 \text{ kHz}$。试求 AM 调制后的已调信号的波形和幅度频谱。

```
fs = 800;                  % 采样速率,单位为 kHz
T = 200;                   % 频谱分辨率,单位为 ms
dt = 1/fs;                 % 时域采样间隔
t = [-T/2:dt:T/2-dt];      % 时域采样点
df = 1/T;                  % 频域采样间隔
f = [-fs/2:df:fs/2-df];    % 频域采样点
```

```
fm = 1;                          % 调制信号的频率,单位为 kHz
fc = 10;                         % 载波频率,单位为 kHz
A = 3;                           % 直流信号
m = cos(2 * pi * fm * t) + A;    % 调制信号叠加直流信号
s = m. * cos(2 * pi * fc * t);   % 已调信号
S = t2f(s,fs);                   % 对已调信号做傅里叶变换
figure(1)
plot(t,s)                        % 画出已调信号的波形
axis([0,2, - 4,4])               % 设置图形的观察范围
figure(2)
plot(f,abs(S))                   % 画出已调信号的幅度谱
axis([ - 15,15,0,max(abs(S))])   % 设置横、纵轴的观察范围
```

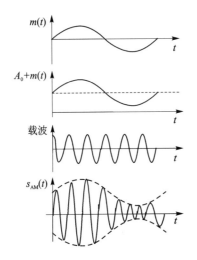

图 7-1 AM 调制过程是时域波形

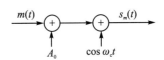

图 7-2 AM 调制的模型

这个例子中,做频域分析时调用到一个自行编制的 m 函数 t2f.m。为了解傅里叶变换的基本原理,我们用 MATLAB 提供的函数为基础,编制了两个 m 函数 t2f.m 和 t2f.m。t2f 是傅里叶变换,对应

$$S(f) = \int_{-\infty}^{\infty} s(t) e^{-j2\pi ft} dt$$

f2t 是傅里叶逆变换,对应

$$s(t) = \int_{-\infty}^{\infty} S(f) e^{j2\pi ft} df$$

编制的 m 函数分别如下:

### 1. 傅里叶变换的 m 函数

```
% t2f(s,fs).m
function S = t2f(s,fs)           % s 代表输入信号,S 代表 s 的频谱,fs 是采样率
    N = length(s);               % 总样点数
    T = 1/fs * N;                % 观察时间
    f = [ - N/2:(N/2 - 1)]/T;    % 频谱采样点
```

```
tmp1 = fft(s)/fs;
tmp2 = N * ifft(s)/fs;
S(1:N/2) = tmp2(N/2+1:-1:2);
S(N/2+1:N) = tmp1(1:N/2);
S = S.* exp(j*pi*f*T);
```

在这个程序中,$f_s$ 是采样率($1/\Delta t$),N 是样点数,数组 $f$、$s$ 和 $S$ 都是长为 N 的数组,T 是信号的时间长度,$f$ 是频域的采样位置,$s$ 和 $S$ 分别是对 $s(t)$ 和 $S(f)$ 的采样结果,tmp1、tmp2 是中间量。需要注意的是,直接对 $s$ 进行 FFT 得到的向量对应的频域范围按归一化角频率是 $[0,2\pi)$,也即 $[0,f_s)$。将右半部分 $[B_s,2B_s)$ 周期性延拓到左侧的 $[-B_s,0)$ 时,需要注意相位的因素。

**2. 傅里叶逆变换的 m 函数**

```
% f2t(S,fs).m
function s = f2t(S,fs)
N = length(S);
T = N/fs;
t = [-(T/2):1/fs:(T/2-1/fs)];   % 时域采样点
tmp1 = fft(S)/T;
tmp2 = N * ifft(S)/T;
s(1:N/2) = tmp1(N/2+1:-1:2);
s(N/2+1:N) = tmp2(1:N/2);
s = s.* exp(-j*pi*t*fs);
```

在这个程序中,数组 $t$ 是长为 N 的数组,它是时域的采样位置。

程序运行后,结果如图 7-3 所示。

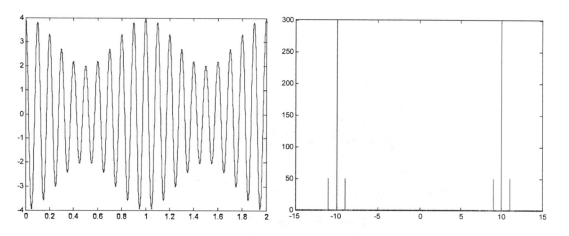

**图 7-3 AM 已调信号的时域波形和幅度谱**

AM 信号经过信道的传输到达接收端,在接收端通常采用包络检波的方式进行解调。

【例 7-2】 设例 7-1 中的 AM 已调信号分别通过理想信道和 AWGN 信道(假设 AM 信号到达接收端时信噪比为 20 dB)进行传输,比较接收端采用包络检波的方式进行解调的结果。

```
fs = 800;                          % 采样速率,单位为 kHz
T = 200;                           % 频谱分辨率,单位为 ms
dt = 1/fs;
t = [-T/2:dt:T/2-dt];
df = 1/T;
f = [-fs/2:df:fs/2-df];
fm = 1;                            % 调制信号的频率,单位为 kHz
fc = 10;                           % 载波频率,单位为 kHz
A = 3;                             % 直流信号
m = cos(2*pi*fm*t) + A;
s = m.*cos(2*pi*fc*t);             % 已调信号
y1 = abs(hilbert(s)) - A;          % 进行包络检波,并去掉直流分量
subplot(2,1,1)
plot(t,y1)
title('AM 信号通过理想信道的解调信号')
ss = awgn(s,20,'measured');        % AM 信号通过 AWGN 信道,叠加上噪声
y2 = abs(hilbert(ss)) - A;
subplot(2,1,2)
plot(t,y2)
title('信噪比为 20dB 时的解调信号')
```

运行后的结果如图 7-4 所示。

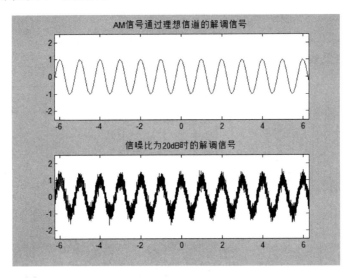

图 7-4  AM 信号通过理想信道和 AWGN 信道解调后的对比

## 7.1.2  DSB 调制

DSB 调制的原理更为简单,只需调制信号 $m(t)$ 与载波信号 $\cos(w_c t)$ 直接相乘即可。其原理可表示为

$$s_{DSB}(t) = m(t)\cos \omega_c t$$

需要指出的是,DSB 已调信号在接收端只能采用相干解调的方式进行解调,相对于包络检波方式而言要麻烦一些。

【例 7-3】 在例 7-1 的基础上编程验证 DSB 方式调制后已调信号的波形和幅度频谱,要求调制信号频率为 2 kHz,载波频率为 20 kHz,并且只显示正向单边带幅度频谱。

```
fs = 800;                          % 采样速率,单位为 kHz
T = 200;                           % 频谱分辨率,单位为 ms
dt = 1/fs;
t = [-T/2:dt:T/2-dt];
df = 1/T;
f = [-fs/2:df:fs/2-df];
fm = 2;                            % 调制信号的频率,单位为 kHz
fc = 20;                           % 载波频率,单位为 kHz
m = cos(2*pi*fm*t);
s = m.*cos(2*pi*fc*t);             % DSB 已调信号
S = t2f(s,fs);                     % 对已调信号做傅里叶变换
figure(1)
plot(t,s)
axis([0,1,-1,1])
figure(2)
plot(f,abs(S))                     % 画出已调信号的双边带幅度谱
axis([-30,30,0,max(abs(S))])       % 设置横、纵轴的观察范围
```

程序运行后,结果如图 7-5 所示。

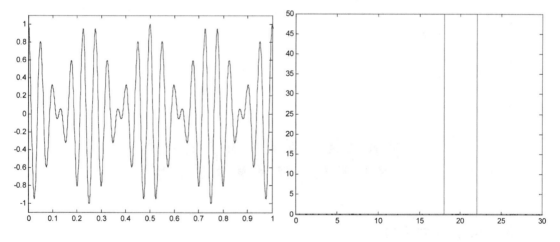

图 7-5　DSB 已调信号的时域波形和幅度谱

DSB 信号经过信道的传输到达接收端,在接收端要采用相干解调的方式进行解调。

【例 7-4】 设例 7-1 中的 AM 已调信号分别通过理想信道和 AWGN 信道(假设 AM 信号到达接收端时信噪比为 20 dB)进行传输,比较接收端采用包络检波的方式进行解调的结果。

```
fs = 800;                          % 采样速率,单位为 kHz
T = 200;                           % 频谱分辨率,单位为 ms
dt = 1/fs;
t = [-T/2:dt:T/2-dt];
df = 1/T;
f = [-fs/2:df:fs/2-df];
fm = 2;                            % 调制信号的频率,单位为 kHz
fc = 20;                           % 载波频率,单位为 kHz
m = cos(2*pi*fm*t);
s = m.*cos(2*pi*fc*t);             % DSB 已调信号
y = s.*cos(2*pi*fc*t);             % 相干解调
y1 = LPF(y,30,fs);                 % 相干解调后通过低通滤波器,滤波器截止频率为 30 kHz
subplot(2,1,1)
plot(t,y1)
title('DSB 信号通过理想信道的解调信号')
axis([-2,2,-1,1])                  % 设置图形观察范围
ss = awgn(s,20,'measured');        % DSB 信号通过 AWGN 信道,叠加上噪声
yy = ss.*cos(2*pi*fc*t);           % 相干解调
y2 = LPF(yy,30,fs);                % 相干解调后通过低通滤波器,滤波器截止频率为 30 kHz
subplot(2,1,2)
plot(t,y2)
title('信噪比为 20dB 时的解调信号')
axis([-2,2,-1,1])                  % 设置横轴观察范围为 -2 到 2,纵轴的观察范围为 -1 到 1
```

需要说明的是,程序中调用到一个低通滤波器 m 函数 LPF.m,可以根据前述的两个 m 函数 t2f.m 及 t2f.m 编写而成。

```
function y = LPF(x,fm,fs)          % x 是输入,y 是输出,fm 是滤波器截止频率,fs 是采样率
n = length(x);
T = n/fs;
f = [-fs/2:1/T:fs/2-1/T];
X = t2f(x,fs);
X(abs(f)>fm) = 0;
y = f2t(X,fs);
```

程序运行的结果如图 7-6 所示。

### 7.1.3 频率调制 FM

用调制信号 $m(t)$ 对载波信号 $\cos(w_c t)$ 进行 FM 调制,已调信号的表达式为

$$s(t) = \cos\left[w_c t + 2\pi K_f \int_{-\infty}^{t} m(\tau) d\tau\right]$$

其中 $K_f$ 是频率偏移常数,单位是 Hz/V。

【例 7-5】 设调制信号 $m(t) = \cos(2\,000\pi t)$,载波频率 $f_c = 20$ kHz,$K_f = 10$ kHz/V。试求 FM 调制后的已调信号的波形和幅度频谱。

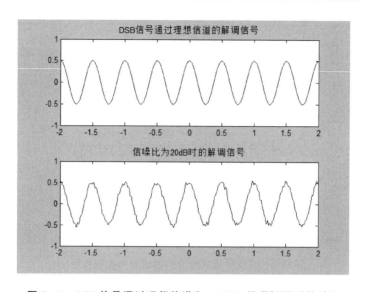

图 7-6 DSB 信号通过理想信道和 AWGN 信道解调后的对比

参考程序如下：

```
fs = 800;
T = 16;
dt = 1/fs;
t = [-T/2:dt:T/2-dt];
df = 1/T;
f = [-fs/2:df:fs/2-df];
fm = 1;
Kf = 10;
fc = 20;
m = cos(2*pi*fm*t);
phi = 2*pi*Kf*cumsum(m)*dt;          %对调制信号做积分运算
s = cos(2*pi*fc*t + phi);            %FM 已调信号
S = t2f(s,fs);
figure(1)
plot(t,s)                            %画出已调信号的波形
axis([0,1,-1,1])
figure(2)
plot(f,abs(S).^2)                    %画出已调信号的功率谱
axis([-40,40,0,max(abs(S).^2)])      %观察双边带功率谱
```

程序运行后，结果如图 7-7 所示。

FM 信号到达接收端后，可以采用先通过微分电路和包络检波器（二者合起来称为鉴频器），再通过低通滤波器进行解调，可参考前面例子编制程序进行仿真，也可以直接使用 Simulink 中提供的 FM 信号的解调模块自行搭建系统模型，完成 FM 信号的解调，这里不再赘述。

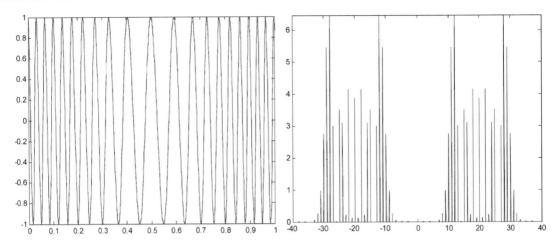

图7-7 FM已调信号的时域波形和幅度谱

## 7.2 幅移键控ASK

### 7.2.1 调制原理介绍

在幅度键控(ASK)中载波幅度是随着调制信号而变化的。设信息源发出的是二进制数字序列,其表示式为

$$s(t) = \sum_n a_n g(t - nT_s) \tag{7-1}$$

式中,$g(t)$是持续时间为$T_s$的矩形波形;$a_n$是脉冲幅度的取值,$a_n = 0$或1。

最简单的幅度键控形式是载波在二进制调制信号1或0的控制下通或断,此种调制方法称为通—断键控(OOK)。其时域表达式为

$$s_{ook}(t) = s(t) \cdot c(t) = \sum_n a_n g(t - nT_s) \cdot A\cos\omega_0 t \tag{7-2}$$

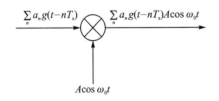

图7-8 OOK信号调制框图

此时假设载波的初相位$\phi(t)$为零,OOK信号的调制框图如图7-8所示。

### 7.2.2 调制举例

【例7-6】 对二元序列10110010,画出2ASK的波形,设载波频率等于码元速率的2倍。

载波信号频率为码元速率的2倍,也就是说码元周期是载波周期的2倍,一个码元周期里有两个周期的载波信号,已调信号波形如图7-9所示。

MATLAB实现如下(函数文件askdigital.m):

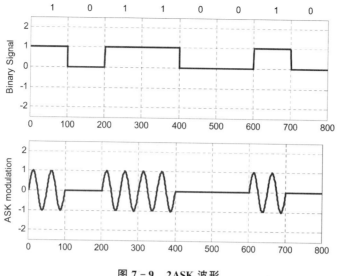

图 7-9 2ASK 波形

```
function askdigital(s,f)
% 本程序实现 ASK 调制
% s——输入二进制序列,f——载波信号的频率
% 调用举例：askdigital([1 0 1 1 0],2)
t = 0:2*pi/99:2*pi;                  % 初始定义
cp = [];mod = [];bit = [];

for n = 1:length(s);                 % 调制过程
    if s(n) == 0;
        cp1 = zeros(1,100);
        bit1 = zeros(1,100);
    else s(n) == 1;
        cp1 = ones(1,100);
        bit1 = ones(1,100);
    end
    c = sin(f*t);
    cp = [cp cp1];
    mod = [mod c];
    bit = [bit bit1];
end

ask = cp.*mod;
subplot(2,1,1);
plot(bit,'LineWidth',1.5);grid on;   % 分别画出原信号、已调信号示意
ylabel('Binary Signal');
axis([0 100*length(s) -2.5 2.5]);
```

```
subplot(2,1,2);
plot(ask,'LineWidth',1.5);grid on;
ylabel('ASK modulation');
axis([0 100 * length(s) - 2.5 2.5]);
```

本例调用时只需在 MATLAB 提示符后输入"askdigital([1 0 1 1 0 0 1 0],1)"即可。

二进制 ASK 信号(OOK)是 20 世纪初最早运用于无线电报中的数字调制方式之一。它的一个典型例子是雷达发射,其幅度状态有两个——$A\cos\omega_0 t$ 和 0。如今数字通信中不再应用这种简单的 ASK,因此这里也就不再赘述 ASK 系统的解调、抗噪声性能分析等问题。

## 7.3 频移键控 FSK

### 7.3.1 原理介绍

频率调制的最简单形式是二进制频移键控(2FSK)。在二进制 FSK 中使用了两个不同频率的载波信号来传输一个二进制的信息序列。如果信息源的有关特性如同 7.2.1 小节的假设,那么 2FSK 信号便是"1"符号对应于载频 $\omega_1$,而"0"符号对应于载频 $\omega_2$(与 $\omega_1$ 不同的另一载频)的已调波形。容易想到,2FSK 信号可以利用受矩形脉冲序列控制的开关电路对两个不同的独立频率源进行选通。

根据以上 2FSK 信号的产生原理,已调信号的时域表达式也不难写出,即

$$s_{2FSK}(t) = s(t) \cdot c_1(t) + \bar{s}(t) \cdot c_1(t) = \sum_n a_n g(t - nT_s) \cdot A\cos\omega_1 t + \sum_n \bar{a}_n g(t - nT_s) \cdot A\cos\omega_2 t$$

(7-3)

式中,$\bar{a}_n$ 是 $a_n$ 的反码,即若 $a_n = 0$,则 $\bar{a}_n = 1$;若 $a_n = 1$,则 $\bar{a}_n = 0$。2FSK 信号的调制框图如图 7-10 所示。

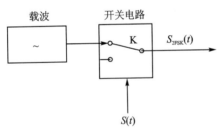

图 7-10  2FSK 信号调制框图

### 7.3.2 调制举例

【例 7-7】 对二元序列 10110010,画出 2FSK 波形,设载波频率 $\omega_1 = 2\omega_2 = 2R_b$(码元速率)。

载波信号 1 的频率 $\omega_1$ 为码元速率的 2 倍,也就是说一个码元周期里有两个周期的载波信号 1;载波信号 2 的频率 $\omega_2$ 等于码元速率,也就是说一个码元周期里有一个周期的载波信号 2,已调信号波形如图 7-11 所示。

MATLAB 实现如下(函数文件 fskdigital.m):

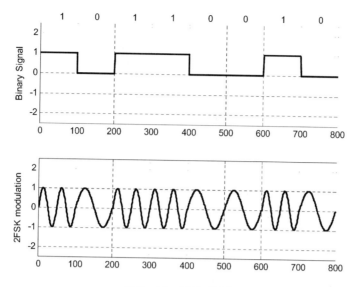

图 7-11  2FSK 波形

```
function fskdigital(s,f0,f1)
% 本程序实现 FSK 调制
% s——输入二进制序列,f0,f1——两个载波信号的频率
% 调用举例:(f0 和 f1 必须是整数) fskdigital([1 0 1 1 0],1,2)
t = 0:2*pi/99:2*pi;                      % 初始定义
cp = [];mod = [];bit = [];

for n = 1:length(s);                     % 调制过程
    if s(n) = = 0;
        cp1 = ones(1,100);
         c = sin(f0*t);
        bit1 = zeros(1,100);
    else s(n) = = 1;
        cp1 = ones(1,100);
         c = sin(f1*t);
        bit1 = ones(1,100);
    end
    cp = [cp cp1];
    mod = [mod c];
    bit = [bit bit1];
end

fsk = cp.*mod;
subplot(2,1,1);                          % 分别画出原信号、已调信号示意
plot(bit,'LineWidth',1.5);grid on;
```

```
ylabel('Binary Signal');
axis([0 100 * length(s) -2.5 2.5]);
subplot(2,1,2);
plot(fsk,'LineWidth',1.5);grid on;
ylabel('FSK modulation');
axis([0 100 * length(s) -2.5 2.5]);
```

本例调用时只需在 MATLAB 提示符后输入"fskdigital([1 0 1 1 0 0 1 0],1,2)"即可。

**【例 7-8】** 利用 MATLAB 提供的函数 fskmod 实现 2FSK 调制。

分析：在例 7-7 中，我们根据 2FSK 调制原理编程实现了其调制过程。事实上，MATLAB 提供了一系列函数专门用于实现数字调制，如 PAMMOD、QAMMOD、FSKMOD、PSMMOD 等。下面介绍能实现移频键控的函数 FSKMOD 及其调用格式。

- 调用格式如下：

  y=fskmod(x,M,freq_sep,nsamp);
  y=fskmod(x,M,freq_sep,nsamp,Fs)。

- 参数说明如下：

  x——消息信号；
  M——表示消息的符号数，必须是 2 的整数次幂，消息信号是 $0 \sim M-1$ 之间的整数；
  freq_sep——两载波频率间的频率间隔，单位为 Hz；
  nsamp——输出信号 y 中每符号的采样数，必须是大于 1 的正整数；
  Fs——根据奈奎斯特采样定理，freq_sep 和 M 必须满足 $(M-1) * \text{freq\_sep} <= \text{Fs}$。

MATLAB 程序实现如下，结果如图 7-12 所示（程序文件 example7_3.m）：

```
M = 2; freqsep = 8; nsamp = 8; Fs = 32;
x = randint(1000,1,M);                    %产生随机信号
y = fskmod(x,M,freqsep,nsamp,Fs);         %调制
ly = length(y);
% 画 2FSK 信号频谱图
freq = [-Fs/2 : Fs/ly : Fs/2 - Fs/ly];
Syy = 10 * log10(fftshift(abs(fft(y))));
plot(freq,Syy)
```

### 7.3.3 解调与检测

二进制频率键控信号的常用解调方法是采用如图 7-13 所示的非相干检测法和相干检测法。这里的抽样判决器是判定哪一个输入样值大，此时可以不专门设置门限电平。

除上述两种方法外，二进制频移键控信号还有一种更简便的解调方法，即过零检测法。其基本原理是根据频移键控的过零率的大小来检测已调信号中的频率变化的。

**【例 7-9】** 利用 MATLAB 提供的调制、解调、误码率分析函数实现 2FSK 解调与检测。

分析：MATLAB 中可用来进行 FSK 信号解调与检测的函数用法介绍如下。

fskdemod——FSK 非相干方式解调。

- 调用格式如下：

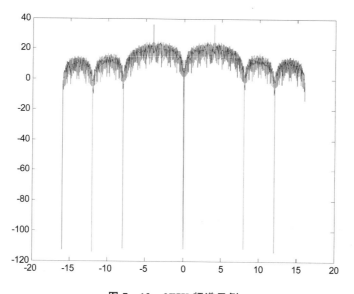

图 7-12  2FSK 频谱示例

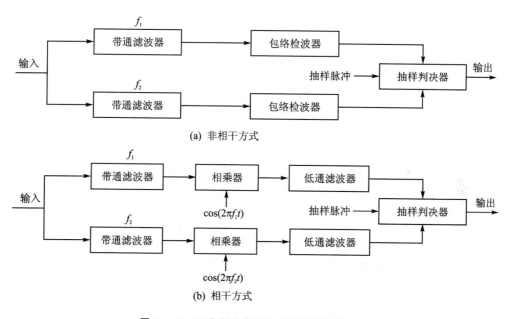

(a) 非相干方式

(b) 相干方式

图 7-13  二进制移频键控信号常用解调方法

z=fskdemod(y,M,freq_sep,nsamp);
z=fskdemod(y,M,freq_sep,nsamp,Fs)。

- 参数说明如下：

y——已调信号；

M——表示消息的符号数，必须是 2 的整数次幂，消息信号是 $0 \sim M-1$ 之间的整数；

freq_sep——两载波频率间的频率间隔，单位为 Hz；

nsamp——每符号的采样数，必须是大于 1 的正整数；

Fs——指定的采样频率。

awgn——在信号中加入白高斯噪声。
- 调用格式如下：
  y=awgn(x,snr);
  y=awgn(x,snr,'measured');
  y=awgn(...,powertype)。
- 参数说明如下：
  x——信号；
  snr——信噪比，单位为 dB；
  'measured'——在加白高斯噪声之前，先计算 x 的功率；
  powertype——指定信噪比 snr 的单位。

symerr——统计错误符号数并计算误符号率。
- 调用格式如下：
  [number,ratio]=symerr(x,y)。
- 参数说明如下：
  x,y——待比较信号，二元序列；
  number——x,y 对应元素比较后不相同的符号个数；
  ratio——误符号率。

MATLAB 程序实现如下：

```
M = 2; k = log2(M);
EbNo = 5;
Fs = 16; N = Fs;
nsamp = 17; freqsep = 8;
msg = randi([0,M-1],5000,1);                    %产生二元随机序列
txsig = fskmod(msg,M,freqsep,nsamp,Fs);          %调制
msg_rx   = awgn(txsig,EbNo + 10 * log10(k) - 10 * log10(N),...
   'measured','dB');                             %搭建 AWGN 信道(加性高斯白噪声信道)
msg_rrx = fskdemod(msg_rx,M,freqsep,nsamp,Fs);   %解调
[num,SER] = symerr(msg,msg_rrx);                 %计算符号差错率
BER = SER * (M/2)/(M-1)                          %计算比特差错率
BER_theory = berawgn(EbNo,'fsk',M,'noncoherent') %2FSK 系统非相干解调的比特差错率理论值
```

本例结果如下：

```
BER =
    0.0962
BER_theory =
    0.1029
```

**注意**：由于本例使用了随机序列做为消息序列，因此读者运行该例所得 BER 可能与本结果不同。

【**例 7-10**】 建立一个频移键控(FSK)Simulink 模型，并观察调制、解调前后的波形，计算差错率。

## 1. 建立模型

按照 FSK 系统的物理与数学模型建立系统模型,在建立系统模型之前,首先给出建立系统模型所需要的系统模块,如下所述:

- Communications System Toolbox→Comm Sources→Random Data Sources 模块库中的 Bernoulli Binary Generator 模块:贝努利二进制序列产生器,产生一个二进制序列,并且这个二进制序列中的 0 和 1 服从贝努利分布,如下式:

$$\Pr(x) = \begin{cases} p, & x=0 \\ 1-p, & x=1 \end{cases} \quad (7-4)$$

即贝努利二进制序列产生器产生的序列中,1 出现的概率为 $1-p$,0 出现的概率为 $p$。

- Communications System Toolbox→Modulation→Digital Baseband Modulation→FM 模块库中的 M−FSK Modulator Baseband 模块:M 元 FSK 调制模块。
- CommunicationsSystemToolbox→Modulation→Digital Baseband Modulation→FM 模块库中的 M−FSK Demodulator Baseband 模块:M 元 FSK 解调模块。
- CommunicationsSystem Toolbox→Channels 模块库中的 AWGN Channel 模块:模拟一个加性白高斯噪声信道。
- DSP System Toolbox→Signal Operations 模块库中的 Delay 模块:延迟输出已发出信号,便于其与接收信号进行精确的比较。
- CommunicationsSystem Toolbox→Comm Sinks 模块库中的 Error Rate Calculation 模块:计算接收信号的差错率,输出结果有三组,依次是差错率、已检测到的错误比特数、统计的总比特数。
- Simulink→Logic and Bit Operations 模块库中的 Relational Operator 模块:实现系统中的比较运算,比较贝努利二进制序列产生器发出的信号与解调后的接收信号,若两个信号相同,该模块输出 0,反之输出 1。
- Simulink→Sinks 模块库中的 Display、Scope 模块:显示输出结果。

然后建立系统模型,如图 7−14 所示。

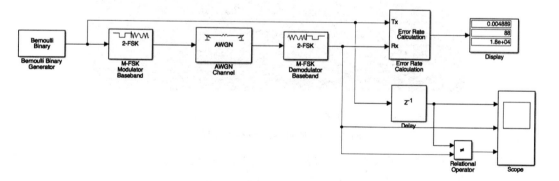

图 7−14 频移键控 Simulink 模型

## 2. 系统模块参数设置与仿真参数设置

- Bernoulli Binary Generator 模块:产生 0 的概率(Probability of a zero)为 0.5,初始种子(Initial seed)采用参数式(Parameter)为 89,采样时间(Sample time)为 1/1 200。

- M-FSK Modulator Baseband 模块：已调信号频率数(M-ary number)为 2,已调信号的两个频率的间隔(Frequency separation)为 1 000 Hz,速率选项(Rate options)设为 Inherit from input,每符号采样数(Samples per symbol)为 5,这样使得本模块对输入信号过采样,即提高了采样速率 5 倍。
- M-FSK Demodulator Baseband 模块：参数设置同 M-FSK Modulator Baseband 模块。
- AWGN Channel 模块：输入处理方式(Input processing)设为 Inherited,设置符号周期(Symbol period)为 1/1 200。
- Error Rate Calculation 模块：接收延迟(Receive delay)为 1,输出数据(Output data)到端口(Port)。
- Scope 模块：设置坐标系数目(Number of axes)为 3,以便于观察原始输入信号、解调后信号及这两组信号的差,设置坐标轴属性为 Y-min=-1,Y-max=2。
- 设置仿真终止时间(Stop time)为 15,解法器类型(Solver Type)为 Variable-step,算法(Solver)为 Ode45(Dorman-Prince)。

### 3. 系统仿真与分析

在对系统模块参数与系统仿真参数设置之后,接下来对系统进行仿真分析。调制、解调前后的波形以及两者的误差波形如图 7-15 所示。

（上）发送信号；（中）接收信号；（下）发送信号与接收信号比较结果

图 7-15 频移键控 Simulink 模型

从图 7-15 显示的结果可以看出,误码率比较小,但这只是目测的结果,事实上,使用 Error Rate Calculation 模块,我们可以准确地计算出该系统的误码率为 0.004 889,在该仿真过程中,共传输 18 000 比特信息,其中发生差错的有 88 比特。

以上是利用已有的函数或模块来观察频移键控系统的性能。下面采用蒙特卡罗(Monte Carlo)仿真方法来完成 FSK 通信系统的性能分析。

**【例 7-11】** 完成一个二进制 FSK 通信系统的蒙特卡罗仿真,其中信号波形由下式给出：

$$u_1(t) = \sqrt{\frac{2E_b}{T_b}} \cos(2\pi f_1 t), \qquad 0 \leqslant t \leqslant T_b$$

$$u_2(t) = \sqrt{\frac{2E_b}{T_b}} \cos(2\pi f_2 t), \qquad 0 \leqslant t \leqslant T_b \tag{7-5}$$

式中，$E_b$ 是每比特信号能量；$T_b$ 是码元周期，$\Delta f = f_2 - f_1 = 1/T_b$。

分析：假定 FSK 信号是经由加性白高斯噪声信道传输的，并假设每个信号在通过信道传输时都产生了延时，这样在解调器输入端的这个滤波后的接收信号可以表示为

$$r(t) = \sqrt{\frac{2E_b}{T_b}} \cos(2\pi f_1 t + 2\pi m \Delta f t + \phi_m) + n(t) \tag{7-6}$$

其中，$\phi_m$ 代表第 $m$ 个信号由于传输延时而产生的相移(此例中 $m=0,1$)，$n(t)$ 代表加性带通噪声，可以表示为

$$n(t) = n_c(t) \cos(2\pi f_1 t) - n_s(t) \sin(2\pi f_1 t) \tag{7-7}$$

由于 FSK 信号的相干解调比较复杂、不易实现，因此这里考虑使用易于实现的非相干检测解调方法。图 7-13(a)是一种非相干解调方案，但由于包络检波器需使用模拟滤波器，设计也很复杂，成本过高，因此这里提供一种利用相关器来实现对 FSK 的非相干解调方法，相关器如图 7-16 所示。

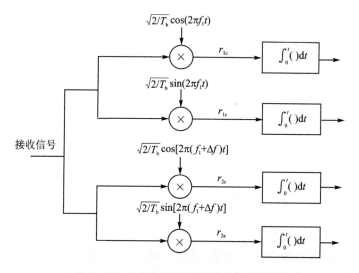

图 7-16 FSK 非相干解调中所用相关器

在图 7-16 中，上两条支路是用来检测频率为 $f_1$ 的信号，下两条支路是用来检测频率为 $f_2$ 的信号。如果传输的是第 $m(m=0,1)$ 个信号，那么在相关器输出至检测器输入的 4 个样本可以表示为

$$r_{kc} = \sqrt{E_b} \left\{ \frac{\sin[2\pi(k-m)\Delta f T_b]}{2\pi(k-m)\Delta f T_b} \cos\phi_m - \frac{\cos[2\pi(k-m)\Delta f T_b]-1}{2\pi(k-m)\Delta f T_b} \sin\phi_m \right\} + n_{kc}$$

$$r_{ks} = \sqrt{E_b} \left\{ \frac{\cos[2\pi(k-m)\Delta f T_b]-1}{2\pi(k-m)\Delta f T_b} \cos\phi_m + \frac{\sin[2\pi(k-m)\Delta f T_b]}{2\pi(k-m)\Delta f T_b} \sin\phi_m \right\} + n_{ks}$$

$$\tag{7-8}$$

其中，$n_{kc}$ 和 $n_{ks}$ 代表在采样输出中的高斯噪声分量，$k=1,2$。可以看到：

① 当 $k=m$ 时,对检测器的输入值为

$$r_{mc} = \sqrt{E_b}\cos\phi_m + n_{mc}$$
$$r_{ms} = \sqrt{E_b}\sin\phi_m + n_{ms} \quad (7-9)$$

② 当 $k \neq m$ 时,样本 $r_{kc}$ 和 $r_{ks}$ 中的信号分量将是零,即

$$r_{kc} = n_{kc}, \quad r_{ks} = n_{ks}, \quad k \neq m \quad (7-10)$$

经过相关器后的输出信号进入检测器,这里选择一种计算平方包络的检测器:

$$r_m^2 = r_{mc}^2 + r_{ms}^2 \quad (7-11)$$

综上分析,给出待仿真的二进制 FSK 系统方框图如图 7-17 所示。

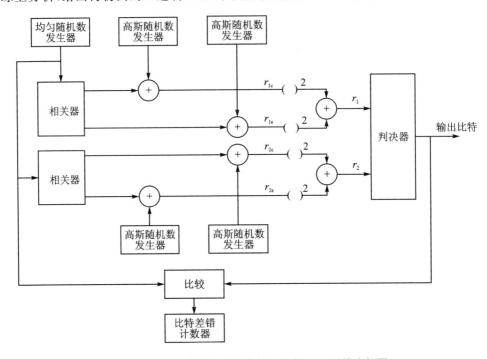

图 7-17 用于蒙特卡罗仿真的二进制 FSK 系统方框图

根据图 7-16、图 7-17 可知,当 $u_1(t)$ 传输时,有

$$r_{1c} = \sqrt{E_b}\cos\phi + n_{1c}$$
$$r_{1s} = \sqrt{E_b}\sin\phi + n_{1s}$$

而

$$r_{2c} = n_{2c}, \quad r_{2s} = n_{2s}$$

其中,$n_{1c}$、$n_{1s}$、$n_{2c}$ 和 $n_{2s}$ 都是互为统计独立的零均值高斯随机变量,方差均为 $\sigma^2 = E_b/(2*\text{snr})$,$\phi$ 代表信道相移,为简单起见,可以置信道相移 $\phi$ 为零。平方律检测器计算:

$$r_1^2 = r_{1c}^2 + r_{1s}^2, \quad r_2^2 = r_{2c}^2 + r_{2s}^2$$

并选出对应于这两个判决变量中较大的那个的信息比特。差错计数器通过比较传输序列和检测器输出,测出误码率。下面给出 MATLAB 程序实现过程:

```
% 例 7-11 程序题解
SNRindB1 = 0:2:15;
SNRindB2 = 0:0.1:15;
for i = 1:length(SNRindB1),
```

```
    simu_err_prb(i) = snr2pb (SNRindB1(i))       ;% 仿真误码率
end;
for i = 1:length(SNRindB2),
    SNR = exp(SNRindB2(i) * log(10)/10);         % 信噪比计算
    theo_err_prb(i) = (1/2) * exp( - SNR/2);     % 计算理论误比特率
end;
% 画出半对数坐标下的信噪比与误码率的关系曲线
semilogy(SNRindB1,simu_err_prb,'*');
hold
semilogy(SNRindB2,theo_err_prb);
xlabel('Eb/N0(dB)');
ylabel('误码率');
legend('仿真比特误码率','理论比特误码率')


function [p] = snr2pb(snr_in_dB)
% [p] = snr2pb (snr_in_dB)
% 本函数的功能是已知信噪比,返回误码率结果
N = 10000;
Eb = 1;
d = 1;
snr = 10^(snr_in_dB/10);                         % 信噪比
sgma = sqrt(Eb/(2 * snr));                       % 计算噪声均方根
phi = 0;                                         % 假设信道相移 $\phi = 0$
% 生成输入数据
for i = 1:N,
    temp = rand;                                 % 产生 0～1 之间的均匀随机变量
    if (temp<0.5),
        dsource(i) = 0;
    else
        dsource(i) = 1;
    end;
end;
% 检测并计算误码率
numoferr = 0;
for i = 1:N,
    % 解调器输出
    if (dsource(i) = = 0),
        r0c = sqrt(Eb) * cos(phi) + bmgauss(sgma);
        r0s = sqrt(Eb) * sin(phi) + bmgauss(sgma);
        r1c = bmgauss(sgma);
        r1s = bmgauss(sgma);
    else
```

```
        r0c = bmgauss(sgma);
        r0s = bmgauss(sgma);
        r1c = sqrt(Eb) * cos(phi) + bmgauss(sgma);
        r1s = sqrt(Eb) * sin(phi) + bmgauss(sgma);
    end;
    % 平方律检测输出
    r0 = r0c^2 + r0s^2;
    r1 = r1c^2 + r1s^2;
    % 判决
    if (r0>r1),
        decis = 0;
    else
        decis = 1;
    end;
    % 如果检测结果不正确,误码计数器加 1
    if (decis~ = dsource(i)),
        numoferr = numoferr + 1;
    end;
end;
p = numoferr/(N);
```

图 7-18 给出了本例所设计二进制 FSK 系统的误码率,并将它与理论差错概率进行了对比。由于本例使用了随机数发生器,读者运行该例所得误码率结果可能与图 7-11 显示的结果略有不同。二进制 FSK 系统理论差错概率在大多数有关数字通信的教材中都能找到,这里不再赘述。

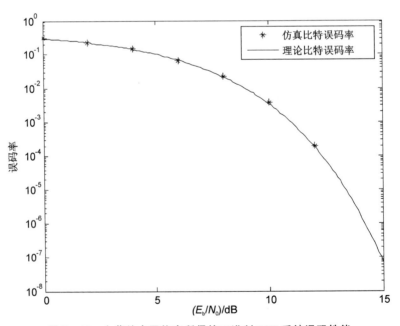

图 7-18　由蒙特卡罗仿真所得的二进制 FSK 系统误码性能

## 7.4 相移键控 PSK 和 DPSK

### 7.4.1 PSK 调制原理介绍

相移键控 PSK 是在太空计划的早期发展起来的,现在广泛应用于军事和商用通信系统中。相移键控即是将要经过一条通信信道传输的信息寄予在载波的相位中。由于载波相位的范围是 $0 \leqslant \theta \leqslant 2\pi$,因此经由相移键控用于传输数字信息的载波相位就是 $\theta_m = 2\pi m/M, m = 0, 1, \cdots, M-1$。这样,对于二进制相移键控($M=2$)来说,两个载波相位是 $\theta_0 = 0$ 和 $\theta_1 = \pi$。图 7-19 给出了 $M=2、4、8、16$ 的信号点星座图。从图中可以看出,$M$ 进制 PSK 信号的星座图反映的是该信号可能选取的 $M$ 个相位,呈圆形分布,这有可能使得此类信号对相位噪声比较敏感,关于这个问题将在 7.4.3 小节中进行讨论。

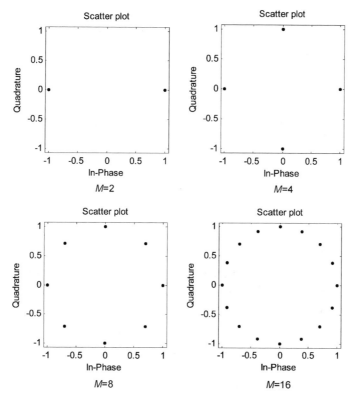

图 7-19　PSK 信号星座图

设二进制符号及其基带波形与以前假设的一样,那么 2PSK(BPSK)的信号时域表达式为

$$s_{2\text{PSK}}(t) = \left[ \sum_n a_n g(t - nT_s) \right] \cdot \cos \omega_0 t \tag{7-12}$$

式中,$a_n = +1$ 或 $-1$。这就是说,在某一码元持续时间 $T_s$ 内:

$$s_{2\text{PSK}}(t) = \begin{cases} \cos \omega_0 t, & a_n = +1 \text{ 时} \\ -\cos \omega_0 t, & a_n = -1 \text{ 时} \end{cases} \tag{7-13}$$

即发送二进制符号"0"时($a_n$ 取 $+1$),$s_{2PSK}(t)$ 取 0 相位;发送二进制符号"1"时($a_n$ 取 $-1$),$s_{2PSK}(t)$ 取 π 相位。2PSK 信号的调制框图如图 7-20 所示。

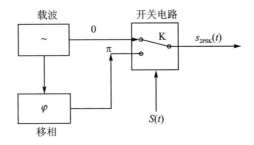

图 7-20  2PSK 信号调制框图

### 7.4.2  PSK 调制举例

【例 7-12】 对二元序列 10110010,画出 BPSK 波形,设载波频率为码元速率的 2 倍。

载波信号频率为码元速率的 2 倍,也就是说码元周期是载波周期的 2 倍,一个码元周期里有两个周期的载波信号,已调信号波形如图 7-21 所示。

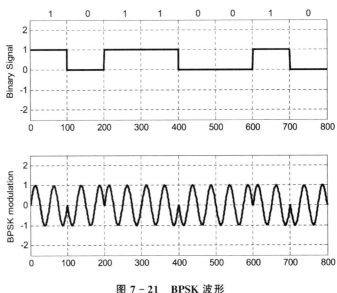

图 7-21  BPSK 波形

MATLAB 实现如下(函数文件 bpskdigital.m):

```
function bpskdigital(s,f)
% 本程序实现 BPSK
% s——输入二进制序列,f——载波信号的频率
% 调用举例:bpskdigital([1 0 1 1 0],2)

t = 0:2 * pi/99:2 * pi;                    % 初始定义
cp = [];
mod = [];mod1 = [];bit = [];
```

```
for n = 1:length(s);                    % 调制过程
    if s(n) = = 0;
       cp1 = - ones(1,100);
       bit1 = zeros(1,100);
    else s(n) = = 1;
         cp1 = ones(1,100);
       bit1 = ones(1,100);
    end
    c = sin(f * t);
    cp = [cp cp1];
    mod = [mod c];
    bit = [bit bit1];
end

bpsk = cp. * mod;
subplot(2,1,1);                          % 分别画出原信号、已调信号示意
plot(bit,'LineWidth',1.5);grid on;
ylabel('Binary Signal');
axis([0 100 * length(s)  - 2.5 2.5]);
subplot(2,1,2);plot(bpsk,'LineWidth',1.5);grid on;
ylabel('BPSK modulation');
axis([0 100 * length(s)  - 2.5 2.5]);
```

本例调用时只需在 MATLAB 提示符后输入"bpskdigital([1 0 1 1 0 0 1 0],1)"即可。下面我们换一种方法来实现 BPSK 信号调制过程,原理仍如图 7 - 20 所示。

【例 7 - 13】 利用 Simulink 图形方式建立 BPSK 调制系统框图,并观察已调信号波形。

根据原理图 7 - 20,建立 Simulink 模型如图 7 - 22 所示。下面对该图进行分析。

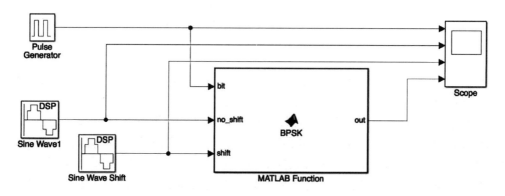

图 7 - 22  例 7 - 13 图解

首先给出建立系统模型所需要的系统模块,如下所述:

- Simulink→Sources 模块库中的 Pulse Generator 模块:产生固定间隔的脉冲序列作为信号源。

- DSP System Toolbox→Sources 模块库中的 Sine Wave 模块：产生调制所需的正弦载波信号。
- Simulink→User-Defined Functions 模块库中的 MATLAB Function 模块：调用自己编写的 M 文件，在模型窗口双击此模块会弹出 M 文件编辑框，然后就可以自行随意地编写能够完成期望功能的代码。
- Simulink→Sinks 模块库中的 Scope 模块：显示输出结果。

然后根据需要设置模块参数与仿真参数如下：

① Pulse Generator 模块：对于信源模块的参数设置，主要应考虑对其脉冲生成方式（Pulse type）、幅度（Amplitude）、周期（Period）、脉宽（Pulse Width）等参数的设置。而由脉冲生成方式选择的不同，参数的设置方法会有所不同。假定本例中需产生幅度为 1、周期为 0.2 s、脉宽为 0.1 s、相位延迟为 0 s 的一个脉冲序列，则有如图 7-23 所示的两种生成方式。

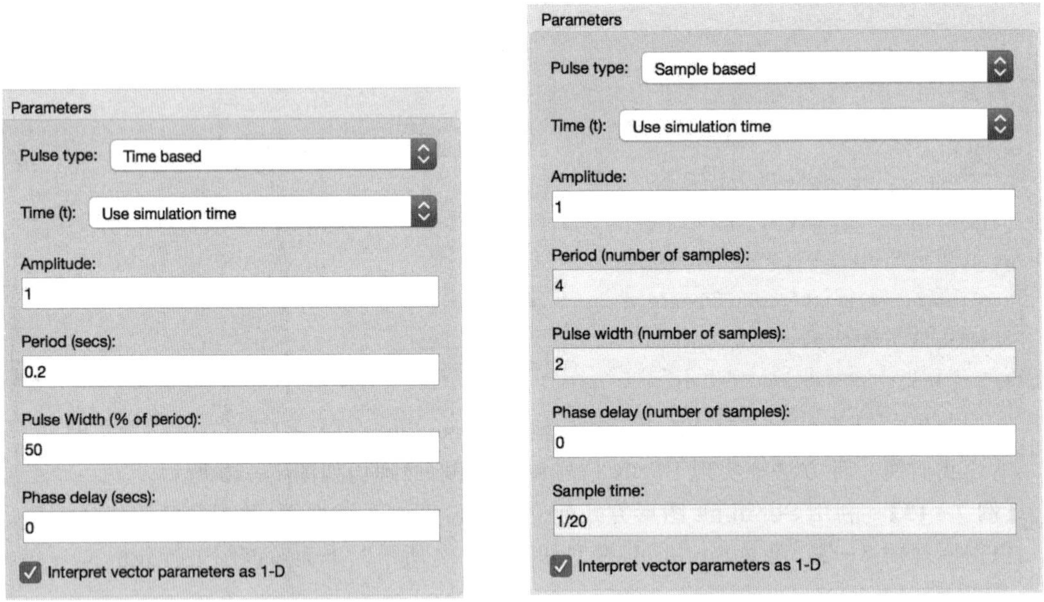

(a) 基于时间的脉冲生成方式　　　　(b) 基于采样的脉冲生成方式

图 7-23　两种脉冲生成方式

可以看出，在基于时间的脉冲生成方式中，只需设置幅度、周期、脉宽和相位延迟即可，而在基于采样的脉冲生成方式中，还需设置采样时间值，且周期、脉宽和相位延迟这三个参数的单位均为采样数，即这三个参数必须是采样时间的倍数。以本例来说，若设采样时间为 1/20，则周期=0.2=4×(1/20)，即 4 个采样时间的长度。需要注意的是，这两种脉冲生成方式的本质区别并非参数的定义，而是由生成方式的不同决定的系统计算仿真输出结果的方式的不同。信源参数的设置是个难点，往往建立好了模型但因不能正确地设置信源参数而得不到正确的结果。关于信源参数的设置，更多详情见 MATLAB 帮助文件。

② Sine Wave 模块：Sine Wave1 模块的幅度为 1，频率为 $20\pi$(rad/s)，相位为 0 rad，采样时间为 1/2 000；Sine Wave Shift 模块除相位设为 $\pi$(rad)外，其余参数设置均与 Sine Wave 1 模块的相同；这样的设置保证了产生两个同频率、相位相差 180°的载波信号。

③ MATLAB Function 模块：调用事先编写好的 MATLAB 函数文件 BPSK.m，该函数文件的作用相当于图 7-20 中的开关电路。

```
function out = BPSK (bit,no_shift,shift)
if bit == 1
    out = no_shift
else
    out = shift
end
```

④ 设置仿真终止(Stop time)为 1，解法器类型(Solver Type)为 Variable-step(变步长解法器)。

最后给出本例仿真结果，如图 7-24 所示。图中由上到下依次是脉冲信号(Pulse Signal)、相位为 0 的载波信号(Carrier signal with phase=0)、相位为 π 的载波信号(Carrier signal with phase=π)、BPSK 信号(BPSK signal)。

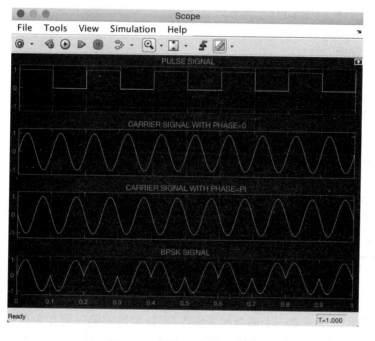

图 7-24　例 7-13 仿真结果

## 7.4.3　PSK 解调与检测

对于 2PSK 信号的解调，容易想到的一种方法是相干解调，其相应的原理图如图 7-18(a)所示，又考虑到相干解调在这里实际上起鉴相作用，因此相干解调中的"相乘—低通"又可用各种鉴相器替代，如图 7-25(b)所示。图中的解调过程，实质上是输入已调信号与本地载波信号进行极性比较的过程，故常称为极性比较解调法。

MATLAB 提供了实现 PSK 调制、解调、星座图表示的函数，下面简单介绍其用法。

pskmod——相移键控调制。

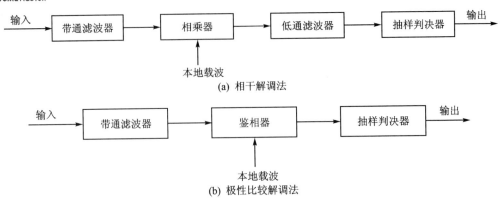

图 7-25  2PSK 信号解调原理图

- 调用格式如下：
  y=pskmod(x,M)；
  y=pskmod(x,M,ini_phase)。

pskdemod——相移键控解调。

- 调用格式如下：
  z=pskdemod(y,M)；
  z=pskdemod(y,M,ini_phase)。

- 参数说明如下：
  x——消息信号；
  M——表示消息的符号数，必须是 2 的整数次幂，消息信号是 $0\sim M-1$ 之间的整数；
  ini_phase——初始相位，单位为 rad；
  y——已调信号；
  z——还原信号。

scatterplot——画信号散点图函数，常用于画数字调制信号星座图。

- 调用格式如下：
  scatterplot(x)。

- 参数说明如下：
  x——信号，如果 x 是一个两列的实矩阵，则该矩阵的第一列作为同相（In-phase）分量（习惯上用二维空间的 $X$ 轴表示），第二列作为正交（Quadrature）分量（习惯上用二维空间的 $Y$ 轴表示）；如果 x 是一个复矢量，则该复矢量的实部作为同相分量，虚部作为正交分量；信号 x 在 $X-Y$ 平面（同相—正交平面）的位置就是星座图。

星座图可以在信号空间展示信号所处的位置，为系统的传输特性分析提供直观、具体的显示结果。利用 scatterplot 函数画出已调信号星座图需执行以下几步：

① 如果调制中使用的符号数是 $M$，那么创建信号$[0:M-1]$。该信号表示对调制器所有可能的输入。

② 使用适当的调制函数完成对信号的调制。

③ 对②产生的输出信号使用 scatterplot 函数画图。

例如图 7-19 中，$M=16$ 时的 PSK 信号星座图可用下面这一段程序获得：

```
M = 16;
x = [0:M-1];
scatterplot(pskmod(x,M));
```

**【例 7-14】** 比较 PSK 和 PAM(脉冲幅度调制)对相位噪声的敏感程度。

分析：前面已经提到，由于 PSK 信号的星座图是圆形的，容易受到相位噪声的影响，而 PAM 信号的星座图是线性的，这种区别在图 7-26 中可以很清楚地看到。此外，还可以利用 MATLAB 提供的 symerr 函数分析两者的误符号率差异。程序实现如下：

```
len = 10000;              % 仿真符号数
M = 16;                   % 十六进制调制
msg = randint(len,1,M);   % 原始信号

% 分别使用 PSK 和 PAM 两种方式调制原始信号
txpsk = pskmod(msg,M);
txpam = pammod(msg,M);

% 画原始信号星座图
scatterplot(txpsk);title('PSK Scatter Plot')
scatterplot(txpam);title('PAM Scatter Plot')

% 对已调信号加入相位干扰
phasenoise = randn(len,1) * .015;
rxpsk = txpsk. * exp(j * 2 * pi * phasenoise);
rxpam = txpam. * exp(j * 2 * pi * phasenoise);

% 画出接收信号(受干扰的)星座图
scatterplot(rxpsk);title('Noisy PSK Scatter Plot')
scatterplot(rxpam);title('Noisy PAM Scatter Plot')

% 解调接收信号
recovpsk = pskdemod(rxpsk,M);
recovpam = pamdemod(rxpam,M);

% 分别计算两种调制方式下的误符号率
numerrs_psk = symerr(msg,recovpsk)
numerrs_pam = symerr(msg,recovpam)
```

程序执行后结果如下：

```
numerrs_psk =
   390
numerrs_pam =
   0
```

这一结果表明，经 PSK 调制、解调后的输出信号中有 390 个符号与原始信号不一样，受到相位噪声干扰，无法正常解调；而经 PAM 调制、解调后的输出信号中有 0 个符号与原始信号不一样，这说明 PSK 对相位噪声更敏感。

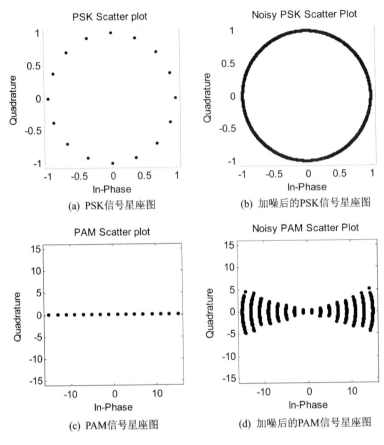

图 7-26　例 7-14 图解

**【例 7-15】** 完成 $M=4$ 的 PSK 通信系统的蒙特卡罗仿真，信号波形由下式给出：

$$u_m(t) = A g_T(t) \cos\left(2\pi f_c t + \frac{2\pi m}{M}\right), \quad m = 0, 1, \cdots, M-1 \quad (7-14)$$

其中，$g_T(t)$ 是发送滤波器的脉冲，它决定了传输信号的频谱特性；$A$ 是信号幅度。

分析：把式（7-14）中的余弦函数的相角看成两个相角的和，并用 $A = \sqrt{E_s}$（$E_s$ 代表每个传输符号的能量），即可表示为

$$u_m(t) = \sqrt{E_s} g_T(t) \cos\frac{2\pi m}{M} \cos(2\pi f_c t) - \sqrt{E_s} g_T(t) \sin\frac{2\pi m}{M} \sin(2\pi f_c t) =$$
$$s_{mc} \phi_1(t) + s_{ms} \phi_2(t) \quad (7-15)$$

其中

$$s_{mc} = \sqrt{E_s} \cos\frac{2\pi m}{M}, \qquad s_{ms} = \sqrt{E_s} \sin\frac{2\pi m}{M} \quad (7-16)$$

而 $\phi_1(t)$ 和 $\phi_2(t)$ 是两个正交基函数，定义为

$$\phi_1(t) = g_T(t) \cos(2\pi f_c t), \qquad \phi_2(t) = -g_T(t) \sin(2\pi f_c t) \quad (7-17)$$

通过适当地将脉冲波形 $g_T(t)$ 归一化,就可以将这两个基函数的能量归一化到 1。这样,该相位调制信号可以看成两个正交载波,其幅度取决于在每个信号区间内传输的相位,从几何上可用分量为 $s_{mc}$ 和 $s_{ms}$ 的二维向量来表示,即

$$s_m = \left( \sqrt{E_s} \cos \frac{2\pi m}{M} \quad \sqrt{E_s} \sin \frac{2\pi m}{M} \right) \tag{7-18}$$

这种表述方式的图示可参见图 7-12。

从 AWGN 信道中,在一个信号区间内接收到的带通信号可表示为

$$r(t) = u_m(t) + n(t) =$$
$$u_m(t) + n_c(t) \cos(2\pi f_c t) - n_s(t) \sin(2\pi f_c t) \tag{7-19}$$

其中,$n_c(t)$ 和 $n_s(t)$ 是互为统计独立的零均值高斯随机变量,方差均为 $\sigma^2 = E_b/(2 \times \text{SNR})$。

可以将这个接收信号与由式(7-18)给出的和做相关,两个相关器的输出产生受噪声污染的信号分量,它们可以表示为

$$r = s_m + n =$$
$$\left( \sqrt{E_s} \cos \frac{2\pi m}{M} + n_c \quad \sqrt{E_s} \sin \frac{2\pi m}{M} + n_s \right) \tag{7-20}$$

检测器将接收信号向量 $r$ 投射到 4 个可能的传输信号向量 $\{s_m\}$ 之一上,并选取对应于最大投影的向量,可用如下算式实现:

$$C(r, s_m) = r \cdot s_m, \quad m = 0, 1, \cdots, M-1 \tag{7-21}$$

由于全部信号都具有相等的能量,因此一种等效的检测方法是计算接收信号向量 $r = \{r_c, r_s\}$ 的相位

$$\theta_r = \arctan \frac{r_s}{r_c} \tag{7-22}$$

并从信号集 $\{s_m\}$ 中选取其相位最接近的信号。

在 AWGN 信道中,2PSK 在检测器端的差错概率可在有关数字通信的任何教材中找到。而 4PSK 可看成是两个在正交载波上的 2PSK 调制系统,所以 1 个比特的差错概率与 2PSK 是一样的,即 4PSK 系统的符号差错率 $P_4 = P_2 = Q\sqrt{\dfrac{2E_b}{N_0}}$,其中,$E_b$ 是每比特的能量。

综上分析,给出待仿真的 4PSK 系统方框图如图 7-27 所示。

根据图 7-27 所示,要仿真由式(7-20)给出的随机向量 $r$ 的产生,它是信号相关器的输出和检测器的输入。先产生一个 4 种符号(2 比特)的序列,将它映射到相应的 4 相信号点,信号点分布如图 7-12 中 $M=4$ 的情况所示。为了完成这个任务,利用一个随机数发生器,它会产生(0,1)范围内的均匀随机数。再将这个范围分成 4 个相等的区间(0,0.25)、(0.25,0.5)、(0.5,0.75)和(0.75,1),这些子区间分别对应于 00、01、11 和 10 信息比特对,再用这些比特对来选择信号相位向量 $s_m$。

检测器观察到接收信号向量 $r = s_m + n$,由式(7-20)给出,并计算 $r$ 在 4 种可能的信号向量 $s_m$ 上的投影(点乘)。根据选取对应于最大投影的信号点做判决,将检测器的输出判决与传输符号进行比较,最后对符号差错和比特差错计数。下面给出 MATLAB 程序的实现过程。

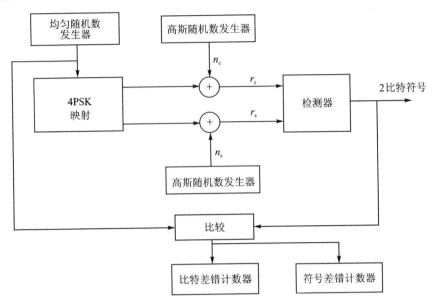

图 7-27 用于蒙特卡罗仿真的 4PSK 系统方框图

```
% 例 7-15 程序题解(example7_15.m)
SNRindB1 = 0:2:10;
SNRindB2 = 0:0.1:10;
for i = 1:length(SNRindB1),
    [pb,ps] = snr2p(SNRindB1(i));           % 仿真比特误码率和符号误码率
    simu_bit_err_prb(i) = pb;
    simu_symbol_err_prb(i) = ps;
end;
for i = 1:length(SNRindB2),
    SNR = exp(SNRindB2(i) * log(10)/10);    % 转化信噪比为数值表示
    theo_err_prb(i) = Qfunct(sqrt(2 * SNR));% 理论比特误码率计算
end;
% 画出半对数坐标下的信噪比与误码率的关系曲线
semilogy(SNRindB1,simu_bit_err_prb,'*');
hold
semilogy(SNRindB1,simu_symbol_err_prb,'o');
semilogy(SNRindB2,theo_err_prb);
xlabel('Eb/N0(dB)');
ylabel('误码率');
legend('仿真比特误码率','仿真符号误码率','理论比特误码率')

function [pb,ps] = snr2p(snr_in_dB)
```

```matlab
%[pb,ps] = snr2p(snr_in_dB)
%求出以 dB 为单位的给定信噪比的比特误码率和符号误码率
N = 10000;   %符号数
Es = 1;
snr = 10^(snr_in_dB/10);                    %计算信噪比的数值
sgma = sqrt(Es/(4*snr));                    %计算噪声均方根
%信号映射
s00 = [1 0];
s01 = [0 1];
s11 = [-1 0];
s10 = [0 -1];
%生成信号源
for i = 1:N,
    temp = rand;                            %产生一个(0,1)之间的均匀随机变量
    if (temp<0.25),                         %信源输出"00"的概率为 1/4
        dsource1(i) = 0;
        dsource2(i) = 0;
    elseif (temp<0.5),                      %信源输出"01"的概率为 1/4
        dsource1(i) = 0;
        dsource2(i) = 1;
    elseif (temp<0.75),                     %信源输出"10"的概率为 1/4
        dsource1(i) = 1;
        dsource2(i) = 0;
    else                                    %信源输出"11"的概率为 1/4
        dsource1(i) = 1;
        dsource2(i) = 1;
    end;
end;
%判决、误码率计算
numofsymbolerror = 0;
numofbiterror = 0;
for i = 1:N,
    %在判决器的接收端的信号,对于第 i 个符号为:
    n(1) = bmgauss(sgma);
    n(2) = bmgauss(sgma);
    if ((dsource1(i) == 0) & (dsource2(i) == 0)),
        r = s00 + n;                        %输入 00 则算出对应的总信号
    elseif ((dsource1(i) == 0) & (dsource2(i) == 1)),
        r = s01 + n;                        %输入 01 则算出对应的总信号
```

```
    elseif ((dsource1(i) = = 1) & (dsource2(i) = = 0)),
        r = s10 + n;                                        % 输入 10 则算出对应的总信号
    else
        r = s11 + n;                                        % 输入 11 则算出对应的总信号
    end;
    % 以下为计算互相关量度
    c00 = dot(r,s00);
    c01 = dot(r,s01);
    c10 = dot(r,s10);
    c11 = dot(r,s11);
    % 第 i 个符号的判决如下进行
    c_max = max([c00 c01 c10 c11]);
    if (c00 = = c_max),
        decis1 = 0; decis2 = 0;
    elseif (c01 = = c_max),
        decis1 = 0; decis2 = 1;
    elseif (c10 = = c_max),
        decis1 = 1; decis2 = 0;
    else
        decis1 = 1; decis2 = 1;
    end;
    % 若判决结果不正确,则误码计数器加 1
    symbolerror = 0;
    if (decis1~ = dsource1(i)),
        numofbiterror = numofbiterror + 1;
        symbolerror = 1;
    end;
    if (decis2~ = dsource2(i)),
        numofbiterror = numofbiterror + 1;
        symbolerror = 1;
    end;
    if (symbolerror = = 1),
        numofsymbolerror = numofsymbolerror + 1;
    end;
end;
ps = numofsymbolerror/N;                                    % 总共发出 N 个符号
pb = numofbiterror/(2 * N);                                 % 总共发出 2N 个比特
```

图 7-28 给出了在不同 SNR 参数 $E_b/N_0$($E_b = E_s/2$)值下,传输 10 000 个符号的蒙特卡罗仿真结果。图 7-28 中所示的是比特误码率,定义为比特误码率 $P_b \approx P_M/2$($P_M$——$M$ 相符号误码率)。

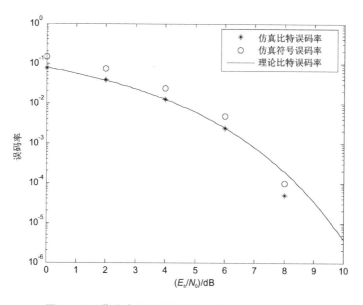

图 7-28　蒙特卡罗仿真得出的四相 PSK 系统的性能

## 7.4.4　DPSK 调制与解调

另一种载波相位调制的类型是差分 PSK，即 DPSK。DPSK 的调制解调方式涉及两个独立的过程：编码过程和检测过程。差分编码（differential encoding）是指对数据以差分的形式进行编码的过程，也就是说，出现 0 还是 1 由当前码元与前一码元的相同或不同来决定。图 7-29 说明的是对二进制信息数据流 $m(k)$ 进行差分编码，$k$ 是采样时间序号。差分编码（图中第 3 行）开始于比特序列 $c$ 的第 1 位（$k=0$），第 1 位可以随意选择（这里取 0）。一般地，编码比特序列 $c(k)$ 有两种产生方式：

$$c(k)=c(k-1)\oplus m(k) \tag{7-23}$$

$$c(k)=\overline{c(k-1)\oplus m(k)} \tag{7-24}$$

其中，符号 $\oplus$ 表示模 2 相加运算；上划线表示取补。图 7-29 的差分编码是采用式 (7-23) 获得的。也就是说，如果信息位 $m(k)$ 和前一编码位 $c(k-1)$ 相同，则当前编码位 $c(k)$ 为 0；否则，$c(k)$ 为 1。第 4 行是将编码比特序列 $c(k)$ 转换为相位变化序列 $\theta(k)$，1 对应 180°相位变化，0 对应 0°相位变化。

| 采样序列 $k$ | 0 | 1 | 2 | 3 | 4 | 5 | 6 | 7 | 8 |
|---|---|---|---|---|---|---|---|---|---|
| 信息 $m(k)$ |  | 1 | 0 | 1 | 1 | 0 | 0 | 1 | 0 |
| 差分编码信息 $c(k)$<br>（第一比特任意） | 0 | 1 | 1 | 0 | 1 | 1 | 1 | 0 | 0 |
| 对应的相位偏移 $\theta(k)$ | 0 | π | π | 0 | π | π | π | 0 | 0 |

图 7-29　DPSK 的差分编码过程

图 7-30 以框图形式描绘了二进制 DPSK 检测方案。在没有噪声的情况下,让相移序列为 $\theta(k)$ 的接收信号进入图 7-30 所示的检测器。相位 $\theta(k=1)$ 与 $\theta(k=0)$ 比较,两者具有不同的值,则检测输出的第一位 $\hat{m}(k=1)=1$;然后 $\theta(k=2)$ 与 $\theta(k=1)$ 比较,两者具有相同的值,因此输出为 $\hat{m}(k=2)=0$;$\theta(k=3)$ 与 $\theta(k=2)$ 比较,两者具有不同的值,因而 $\hat{m}(k=3)=1$,等等。

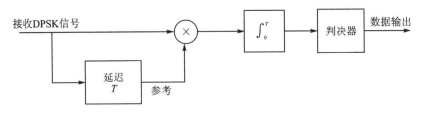

图 7-30  DPSK 的差分相干检测

需要注意的是,DPSK 解调输出的第一个符号仅是一个初始条件而并非恢复出的有用信息。下面举例验证。

```
M = 4;   % 4 进制调制
x = randint(1000,1,M);        % 产生 4 元随机信号作为原始信号
y = dpskmod(x,M);             % 调制
z = dpskdemod(y,M);           % 解调
s1 = symerr(x,z)              % 计算误符号率
s2 = symerr(x(2:end),z(2:end))  % 忽略第一个符号,再次计算误符号率
```

程序输出结果如下:

```
s1 =
    1
s2 =
    0
```

【例 7-16】 完成 $M=4$ 的 DPSK 通信系统的蒙特卡罗仿真。

分析:与例 7-15 中所述相同,用均匀随机数发生器产生{00,01,11,10}比特对,用差分编码将每 2 比特符号映射到 4 种信号点之一。用两个高斯随机数发生器产生噪声分量[$n_c$, $n_s$],那么接收到的信号加噪声向量是:

$$r = \left[\cos\frac{\pi m}{2} + n_c, \sin\frac{\pi m}{2} + n_s\right] = [r_c, r_s] \tag{7-25}$$

差分检测基本上就是将 $r_k$ 和 $r_{k-1}$ 之间的差计算出来。从数学角度上讲,这个计算可以用下式表示:

$$\begin{aligned} r_k r_{k-1}^* &= (r_{ck} + jr_{sk})(r_{ck-1} - jr_{sk-1}) = \\ & r_{ck}r_{ck-1} + r_{sk}r_{sk-1} + j(r_{sk}r_{ck-1} - r_{ck}r_{sk-1}) = \\ & x_k + jy_k \end{aligned} \tag{7-26}$$

$\theta_k = \arctan\dfrac{y_k}{x_k}$ 是相位差,$\theta_k$ 值与可能的相位差{0°,90°,180°,270°}进行比较,并以最接近的相

位作出判决。然后将检测出的相位映射到信息比特对。差错计数器对检测序列中的符号差错进行计数。

综上，待仿真的 $M=4$ 的 DPSK 系统方框图如图 7-31 所示。

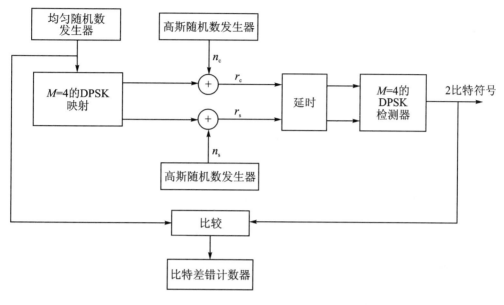

图 7-31　用于蒙特卡罗仿真的 $M=4$ 的 DPSK 系统方框图

下面给出 MATLAB 程序实现过程：

```
% 例 7-16 程序题解(exmaple7_16.m)
SNRindB1 = 0:2:12;
SNRindB2 = 0:0.1:12;
for i = 1:length(SNRindB1),
    simu_err_prb(i) = snr2ps(SNRindB1(i));        % 仿真误码率
end;
for i = 1:length(SNRindB2),
    SNR = exp(SNRindB2(i) * log(10)/10);          % 转化信噪比为数值表示
    theo_err_prb(i) = 2 * Qfunct(sqrt(SNR));      % 理论符号误码率计算
end;
% 画出半对数坐标下的信噪比与误码率的关系曲线
semilogy(SNRindB1,simu_err_prb,'*');
hold
semilogy(SNRindB2,theo_err_prb);
xlabel('Eb/N0(dB)');
ylabel('误码率');
legend('仿真符号误码率','理论符号误码率')

function [p] = snr2ps(snr_in_dB)
%[p] = snr2ps(snr_in_dB)
% 求出以 dB 为单位的给定信噪比的符号误码率
N = 10000; % 符号数
```

```
Es = 1;
snr = 10^(snr_in_dB/10);                    % 计算信噪比的数值
sgma = sqrt(Es/(4 * snr));                  % 计算噪声均方根
% 生成信号源
for i = 1:2 * N,
    temp = rand;                            % 产生一个(0,1)之间的均匀随机变量
    if (temp<0.5),
        dsource(i) = 0;                     % 信源输出"0"的概率为1/2
    else.
        dsource(i) = 1;                     % 信源输出"1"的概率为1/2
    end;
end;
% 差分编码
mapping = [0 1 3 2];
M = 4;
[diff_enc_output] = cm_dpske(Es,M,mapping,dsource);
% 接收信号
for i = 1:N,
    [n(1) n(2)] = bmgauss(sgma);
    r(i,:) = diff_enc_output(i,:) + n;
end;
% 判决、误码率计算
numoferr = 0;
prev_theta = 0;
for i = 1:N,
    theta = angle(r(i,1) + j * r(i,2));
    delta_theta = mod(theta - prev_theta,2 * pi);
    if ((delta_theta<pi/4) | (delta_theta>7 * pi/4)),
        decis = [0 0];
    elseif (delta_theta<3 * pi/4),
        decis = [0 1];
    elseif (delta_theta<5 * pi/4),
        decis = [1 1];
    else
        decis = [1 0];
    end;
    prev_theta = theta;
    % 若判决结果不正确,则误码计数器加1
    if ((decis(1)~ = dsource(2 * i-1)) | (decis(2)~ = dsource(2 * i))),
        numoferr = numoferr + 1;
    end;
end;
p = numoferr/N;

function [enc_comp] = cm_dpske(E,M,mapping,sequence);
% [enc_comp] = cm_dpske(E,M,mapping,sequence)
% 求一个序列的差分编码
```

```matlab
%E表示平均能量,M是星座图中的点数(相数),mapping表示信息与星座图中各相信号点的映射关系,
% sequence是未经编码的二进制序列
k = log2(M);                          %M相信号需要k个比特来表示
N = length(sequence);
%若N序列长度不是k的整数倍,则在序列后补0
remainder = rem(N,k);
if (remainder~ = 0),
    for i = N + 1:N + k - remainder,
        sequence(i) = 0;
    end;
    N = N + k - remainder;
end;
theta = 0;                            %假定初始相位差为0
for i = 1:k:N,
    index = 0;
    for j = i:i + k - 1,
        index = 2 * index + sequence(j);
    end;
    index = index + 1;
    theta = mod(2 * pi * mapping(index)/M + theta,2 * pi);
    enc_comp((i + k - 1)/k,1) = sqrt(E) * cos(theta);
    enc_comp((i + k - 1)/k,2) = sqrt(E) * sin(theta);
end;
```

图 7-32 给出了在不同 SNR 参数 $E_b/N_0$ ($E_b = E_s/2$ 称为比特能量) 值下, 传输 $N = 10\,000$ 个符号时的蒙特卡罗仿真结果。

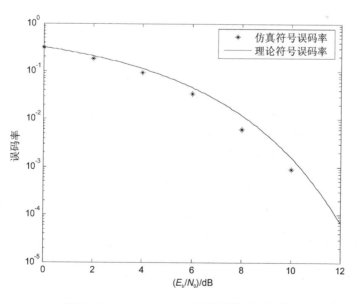

图 7-32  $M = 4$ DPSK 系统的蒙特卡罗性能

## 7.5 多载波调制与 OFDM

前面几节所述的各种调制系统都是采用单一正弦波作为载波实现调制,若信道不理想,则在已调信号频带上很难保持理想传输特性时,会造成信号的严重失真和码间串扰。为此,在20世纪60年代人们提出了多载波调制(Multicarrier Modulation)的思想,其方法是把数据流分解为若干个子数据流,从而使子数据流具有低得多的传输比特速率,利用这些数据分别去调制若干个载波。所以,在多载波调制信道中,数据传输速率相对较低,码元周期加长,克服了单载波调制方式码元持续时间 $T_s$ 短,占用带宽 $B$ 大,信道特性 $|C(f)|$ 不理想,易产生码间串扰等缺点,只要时延扩展与码元周期相比小于一定的比值,就不会造成码间干扰。因而多载波调制对于信道的时间弥散性不敏感,具有较强的抗多径传播和抗频率选择性衰落的能力以及较高的频谱利用率。多载波调制可以通过多种技术途径来实现,如多音实现(Multitone Realization)、正交多载波调制(OFDM)、MC - CDMA 和编码 MCM(Coded MCM)。其中,OFDM 可以抵抗多径干扰,是当前研究的一个热点,在 4G 移动通信等高速无线通信系统中得到了广泛应用。

### 7.5.1 OFDM 的基本原理

设在一个 OFDM 系统中有 $N$ 个子信道,每个子信道采用的子载波为

$$x_k(t) = B_k \cos(2\pi f_k t + \phi_k), \quad k = 0, 1, \cdots, N-1$$

式中,$B_k$ 为第 $k$ 路子载波的振幅,它受基带码元的调制;$f_k$ 为第 $k$ 路子载波的频率;$\phi_k$ 为第 $k$ 路子载波的初始相位。

在此系统中的 $N$ 路子信号之和可以表示为

$$s(t) = \sum_{k=0}^{N-1} x_k(t) = \sum_{k=0}^{N-1} B_k \cos(2\pi f_k t + \phi_k)$$

上式可改写成

$$s(t) = \sum_{k=0}^{N-1} B_k e^{j2\pi f_k t + \phi_k}$$

式中,$B_k$ 是一个复数,为第 $k$ 路子信道中的复输入数据。

为了使这 $N$ 路子信道信号在接收时能够完全分离,要求它们满足正交条件。在码元持续时间 $T_s$ 内任意两个子载波都正交的条件是:

$$\int_0^T \cos(2\pi f_k t + \phi_k) \cos(2\pi f_i t + \phi_i) dt = 0$$

上式可以用三角公式改写成

$$\int_0^T \cos(2\pi f_k t + \phi_k) \cos(2\pi f_i t + \phi_i) dt = \frac{1}{2}\int_0^T \cos[(2\pi(f_k - f_i)t + \phi_k - \phi_i] dt + \frac{1}{2}\int_0^T \cos[(2\pi(f_k + f_i)t + \phi_k + \phi_i] dt = 0$$

它的积分结果为

$$\frac{\sin[2\pi(f_k + f_i)T_s + \phi_k + \phi_i]}{2\pi(f_k + f_i)} + \frac{\sin[2\pi(f_k - f_i)T_s + \phi_k - \phi_i]}{2\pi(f_k - f_i)} -$$

$$\frac{\sin(\phi_k + \phi_i)}{2\pi(f_k + f_i)} - \frac{\sin(\phi_k - \phi_i)}{2\pi(f_k - f_i)} = 0$$

令上式等于 0 的条件是：

$$(f_k + f_i)T_s = m \quad \text{和} \quad (f_k - f_i)T_s = n$$

其中 $m$、$n$ 为整数；并且 $\phi_k$ 和 $\phi_i$ 可以取任意值。

由上式解出，要求

$$f_k = (m+n)/2T_s, \quad f_i = (m-n)/2T_s$$

即要求子载频满足 $f_k = k/2T_s$，式中 $k$ 为整数；且要求子载频间隔 $\Delta f = f_k - f_i = n/T_s$，因此要求的最小子载频间隔为

$$\Delta f_{\min} = 1/T_s$$

这就是子载频正交的条件。

### 7.5.2 OFDM 的实现

从 OFDM 的基本原理中，可以看到 OFDM 信号的表达式和离散傅里叶变换（IDFT）表达式的形式是一致的，所以可以通过计算 IDFT 和 DFT 的方法进行 OFDM 调制和解调。先对 DFT 公式进行分析。

设一个时间信号 $s(t)$ 的抽样函数为 $s(k)$，其中 $k = 0, 1, 2, \cdots, K-1$，则 $s(k)$ 的离散傅里叶变换（DFT）定义为

$$S(n) = \frac{1}{\sqrt{K}} \sum_{k=0}^{K-1} s(k) e^{-j(2\pi/K)nk}$$

并且 $S(n)$ 的逆离散傅里叶变换（IDFT）为

$$s(k) = \frac{1}{\sqrt{K}} \sum_{n=0}^{K-1} S(n) e^{j(2\pi/K)nk}$$

若信号的抽样函数 $s(k)$ 是实函数，则其 $K$ 点 DFT 的值 $S(n)$ 一定满足对称性条件：

$$S(K-k-1) = S^*(k), \quad k = 0, 1, 2, \cdots, K-1$$

式中 $S^*(k)$ 是 $S(k)$ 的复共轭。

现在令 OFDM 信号的 $\phi_k = 0$，则

$$s(t) = \sum_{k=0}^{N-1} B_k e^{j2\pi f_k t + \phi_k}$$

变为

$$s(t) = \sum_{k=0}^{N-1} B_k e^{j2\pi f_k t}$$

上式和 IDFT 式非常相似。若暂时不考虑两式常数因子的差异以及求和项数（$K$ 和 $N$）的不同，则可以将 IDFT 式中的 $K$ 个离散值 $S(n)$ 当作是 $K$ 路 OFDM 并行信号的子信道中信号码元取值 $B_k$，而 IDFT 式的左端就相当上式左端的 OFDM 信号 $s(t)$。这就是说，可以用计算 IDFT 的方法来获得 OFDM 信号。

需要说明的是，在 OFDM 系统的实际应用中，一般采用更加便捷的快速傅里叶变换（IFFT/FFT）。$N$ 点 IDFT 运算需要实施 $N^2$ 次的复数乘法运算，而 IFFT 的运算复杂度可以有效地降低，对于常用的基 2 IFFT 算法来说，其复数乘法的次数仅为 $(N/2)\log_2(N)$。IDFT 的

计算复杂程度会随着 $N$ 的增加而呈现二次方增加,IFFT 算法的运算量的增加速度只是稍快于线性变化。

OFDM 的具体调制过程可用如图 7-33 所示来表示。

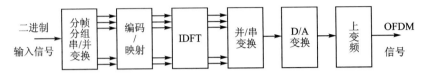

图 7-33 OFDM 调制原理框图

【例 7-17】 假设 OFDM 系统包含 8 个子载波,$f_c = 1\,\text{kHz}$,子载波频率间隔为 $1\,\text{kHz}$,每个子载波采用 4QAM 调制,符号周期为 $1\,\text{ms}$。试比较 OFDM 的模拟调制实现与 IDFT/DFT 实现。

```
N = 8;                          %子载波数
x = randi([0 3],1,N)            %子载波上的数据
x1 = qammod(x,4)                %采用 4QAM 调制
f = 1:N;                        %子载波频率
t = 0:0.001:1-0.001;            %符号持续时间
w = 2*pi*f.'*t;
w1 = 2*pi*(f+0.2).'*t;          %进行子载波调制
y1 = x1*exp(j*w);
x2 = ifft(x1,N);                %做 IFFT 变换
plot(t,abs(y1));
hold on;
stem(0:1/8:1-1/8,abs(x2)*N,'-r')
legend('模拟调制实现','IDFT 实现')
title('模拟调制实现与 IDFT 实现对比')
x3 = fft(x2)
```

程序运行的结果如下:

```
x1 =
  1.0000 - 1.0000i   1.0000 - 1.0000i  -1.0000 - 1.0000i   1.0000 - 1.0000i
 -1.0000 + 1.0000i  -1.0000 - 1.0000i   1.0000 - 1.0000i  -1.0000 + 1.0000i
x3 =
  1.0000 - 1.0000i   1.0000 - 1.0000i  -1.0000 - 1.0000i   1.0000 - 1.0000i
 -1.0000 + 1.0000i  -1.0000 - 1.0000i   1.0000 - 1.0000i  -1.0000 + 1.0000i
```

从数据结果可以看出,采用 IDFT 实现 OFDM 和模拟调制实现是完全等效的。

IDFT 实现与模拟调制实现的结果如图 7-34 所示,进一步验证了 IDFT 输出的数据符号是对连续的多个经过调制的子载波的叠加信号进行抽样得到的。

【例 7-18】 对照图 7-35 所示框图,对 OFDM 系统的发送和接收过程进行仿真。

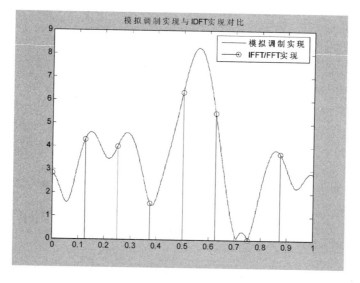

图 7-34 OFDM 的模拟调制实现与 IDFT 实现

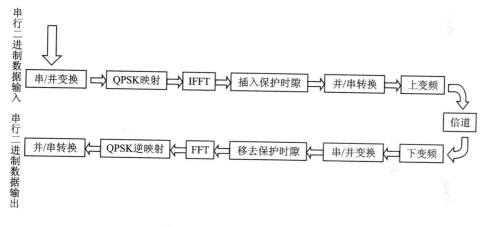

图 7-35 OFDM 系统仿真框图

参考程序如下:

```
snr = 10;                    % 信噪比,单位为 dB
fftl = 128;                  % FFT 的长度
N = 6;                       % 一个帧结构中 OFDM 信号的个数
para = 128;                  % 并行传输的子载波个数
gsl = 32;                    % 保护时隙的长度
% * * * * * * * * * * * * * * * OFDM 信号的产生 * * * * * * * * * * * * * * *
signal = rand(1,para * N * 2)>0.5;
% 产生 0、1 随机序列,符号个数为 para * N * 2(子信道数 * 调制水平 * 每个子信道中符号数)
for i = 1:para
    for j = 1:N * 2
        sigpara(i,j) = signal(i * j);
% 串并变换,将随机产生的二进制矩阵变换为行数为 para,列数为 N * 2 的矩阵
```

```
        end
    end
    % ******* 以下进行 QPSK 调制,将数据分为 I、Q 两路 ********
    for j = 1:N;
        ich(:,j) = sigpara(:,2*j-1);
        qch(:,j) = sigpara(:,2*j);
    end
    kmod = 1./sqrt(2);
    ich1 = ich.*kmod;
    qch1 = qch.*kmod;
    x = ich1 + qch1.*sqrt(-1);          % 产生复信号
    y = ifft(x);                         % 傅里叶逆变换将频域信号转换为时域信号
    ich2 = real(y);                      % I 信道取时域信号的实部
    qch2 = imag(y);                      % Q 信道取时域信号的虚部
    % ********** 以下插入保护时隙 **********
    ich3 = [ich2(fftl-gsl+1:fftl,:);ich2];
    qch3 = [qch2(fftl-gsl+1:fftl,:);qch2];
    % ********** 以下进行并串变换 **********
    ich4 = reshape(ich3,1,(fftl+gsl)*N);
    qch4 = reshape(qch3,1,(fftl+gsl)*N);
    % 以下为系统发送端形成的信号
    Tdata = ich4 + qch4.*sqrt(-1);
    % ********** 以下为系统接收端进行解调的过程 **********
    Rdata = awgn(Tdata,snr,'measured');  % 对接收到的信号加入高斯白噪声
    % ********** 以下为接收端移去保护时隙 **********
    idata = real(Rdata);
    qdata = imag(Rdata);
    idata1 = reshape(idata,fftl+gsl,N);
    qdata1 = reshape(qdata,fftl+gsl,N);
    idata2 = idata1(gsl+1:gsl+fftl,:);
    qdata2 = qdata1(gsl+1:gsl+fftl,:);
    % ********** 以下为系统接收端进行傅里叶变换 **********
    Rx = idata2 + qdata2 + sqrt(-1);
    ry = fft(Rx);
    Rich = real(ry);
    Rqch = imag(ry);
    Rich = Rich/kmod;
    Rqch = Rqch/kmod;
    % ********** 以下为接收端进行 QPSK 解调 **********
    for j = 1:N;
        Rpara(:,2*j-1) = Rich(:,j);
        Rpara(:,2*j) = Rqch(:,j);
    end
```

```
Rsig = reshape(Rpara,1,para*N*2);
Rsig = Rsig>0.5;              % 抽样判决
figure(1)
subplot(2,1,1)
stem(Rsig(1:20))
grid;
subplot(2,1,2)
stem(signal(1:20))
grid;
```

# 第 8 章

# 数字信号处理应用

数字信号处理技术在现代通信系统中具有非常重要的作用。本章将以 Simulink 中的 DSP 系统工具箱为主,介绍数字信号处理工具的使用、基本建模方法以及应用 DSP 系统工具箱进行信号滤波处理等。

## 8.1 DSP 系统工具箱简介

DSP 系统工具箱由一组专门为数字信号处理应用而设计的模块库组成。从图 8-1 可知,根据实现功能不同,DSP 系统工具箱又分为估计、滤波、数学函数、量化、信号管理、信号操作、信宿、信源、统计、变换共 10 个模块库。运用这些模块库中的模块,可以进行数字信号处理中

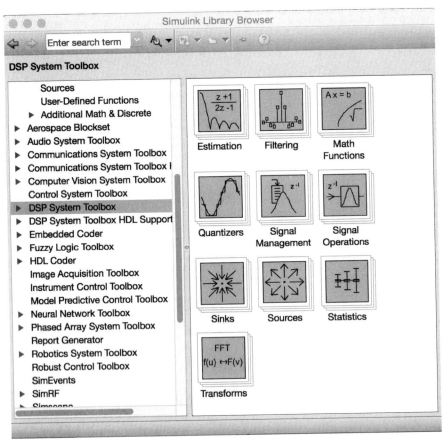

图 8-1 DSP 工具箱模块集

许多常用操作,以及建立信号处理系统的仿真模型。本节将就一些常用模块的功能进行介绍。

## 8.1.1 信号源模块组

信号源模块组(Source)部分的模块包括数字信号处理中各种常用的输入信号,其内容如图 8-2 所示。

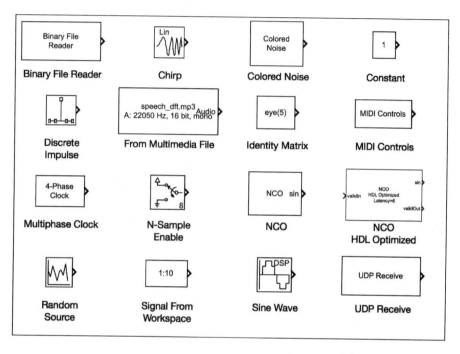

图 8-2 信号源模块组

下面介绍其中几个主要的模块:
- Chirp 啁啾信号模块,可产生一个扫频式余弦(调频)信号,信号的初始频率可指定,信号的瞬时输出频率由初始频率和时间参数确定。
- Constant 常数模块,可产生一个常数值。
- Discrete Impulse 离散脉冲模块,可产生一个离散单位冲激信号。
- From Multimedia File 从多媒体文件读取模块,可读取音频、视频或音视频混合数据文件。
- Random Source 随机信源模块,可产生服从均匀分布或者正态分布的随机信号。
- Signal From Workspace 从工作空间读取信号模块,可从工作空间中读取连续采样时间下信号的采样。信号矩阵应设置为每列存一个信道信号。

## 8.1.2 滤波器模块组

滤波器模块组(Filtering)部分的模块主要用于实现数字信号处理中常用的滤波算法,其内容如图 8-3 所示。

下面介绍其中几个主要的模块:
- Adaptive Filters 模块组:

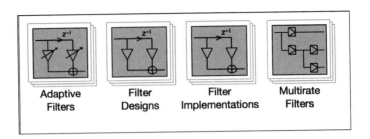

图 8-3 滤波模块组

- LMS Filter　使用最小均方自适应算法计算滤波器的输出、误差以及权重；
- Kalman Filter　卡尔曼滤波器，用于预测或者估计动态系统的状态；
- RLS Filter。
- Filter Designs 模块组：
  - Analog Filter Design　模拟滤波器的设计与实现；
  - Digital Filter Design　数字 FIR 和 IIR 滤波器的设计与实现；
  - Arbitrary Response Filter　任意响应滤波器的设计；
  - Median Filter　中值滤波器的设计；
  - Nyquist Filter　奈奎斯特滤波器的设计。
- Filter Implementations 模块组。
- Multirate Filters 模块组。

### 8.1.3　数学函数模块组

数学函数模块组（Math Functions）部分的模块主要用于实现数字信号处理中的一些数学运算，其内容如图 8-4 所示。

下面介绍其中几个主要的模块：

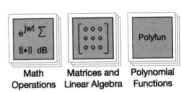

图 8-4　数学函数模块组

- Math Operations 模块组：
  - dB Conversion　将输入的电压（伏）或功率（瓦特）值转换为分贝表示；
  - Difference　计算指定维度的输入元素的差；
  - Normalization　按行、列或者指定维度将输入矢量进行归一化。
- Matrices and Linear Algebra 模块组：
  - Linear System Solvers　使用 Cholesky、LDL、LU、QR、SVD 等算法求取线性系统解；
  - Matrix Factorizations　使用 Cholesky、LDL、LU、QR、SVD 等算法分解矩阵；
  - Matrix Inverses　使用 LU、Cholesky、LDL、SVD 等算法求矩阵的逆。
- Polynomial Functions 模块组：
  - Least Squares Polynomial Fit　采用最小均方法实现多项式拟合，求得多项式系数；
  - Polynomial Evaluation　使用 Cholesky、LDL、LU、QR、SVD 等算法分解矩阵。

## 8.1.4 量化器模块组

量化器模块组(Quantizers)部分的模块主要用于实现数字信号处理中的量化过程,其内容如图 8-5 所示。

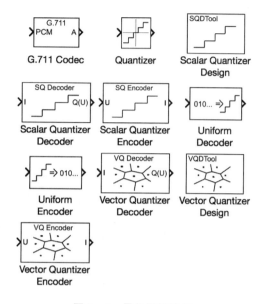

图 8-5 量化器模块组

下面介绍其中几个主要的模块:
- Quantizer 以指定的时间间隔将输入信号离散化;
- Scalar Quantizer Design 使用 LIoyd 算法进行标量量化器设计;
- Uniform Encoder 将浮点数输入量化、编码为整数输出;
- Uniform Decoder 将整数输入解码为浮点数输出;
- Vector Quantizer Design 矢量量化器设计工具。

## 8.1.5 信号运算模块组

信号运算模块组(Signal Operations)部分的模块主要用于实现数字信号处理中常用的一些操作,如采样速率转换、卷积等,其内容如图 8-6 所示。

下面介绍其中几个主要的模块:
- Downsample 通过减少样本值达到以更低的速率对输入信号重新采样;
- Upsample 通过插入零采样达到以更高的速率对输入信号重新采样;
- Interpolation 对真实输入样本值的插值;
- Repeat 通过重复采样值达到以更高的速率对输入信号重新采样;
- Sample and Hold 采样并保持输入信号的值;
- Sample-Rate Converter 实现多级采样速率转换;
- Convolution 实现对两个输入信号的卷积;
- Zero Crossing 计算信号在单一时间步长下经过零点的次数;
- Unwrap 展开信号相位。

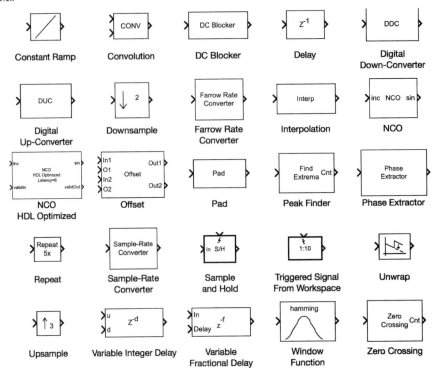

图 8-6　信号运算模块组

## 8.1.6　信号管理模块组

信号管理模块组(Signal Management)部分的模块主要用于实现信号的缓冲存取、选择、计数、属性查询等，其内容如图 8-7 所示。

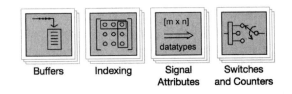

图 8-7　信号管理模块组

下面介绍其中几个主要的模块：
- Buffer　对输入序列进行缓冲存储,以适应更长或者更短的帧长度;
- Unbuffer　还原帧输入为序列输出;
- Selector　从向量、矩阵或多维信号中选择输入的元素;
- Submatrix　选择输入矩阵的子矩阵;
- Convert 1-D to 2-D　将一维输入矩阵重新定维为指定尺寸的二维矩阵;
- Data Type Conversion　将输入信号转换为指定的数据类型;
- Edge Detector　检测从零到非零值的过渡;
- Multiphase Clock　生成多个二进制时钟信号。

## 8.1.7 信号变换模块组

信号变换模块组(Transforms)部分的模块主要用于实现数字信号处理中常用的变换算法,其内容如图 8-8 所示。

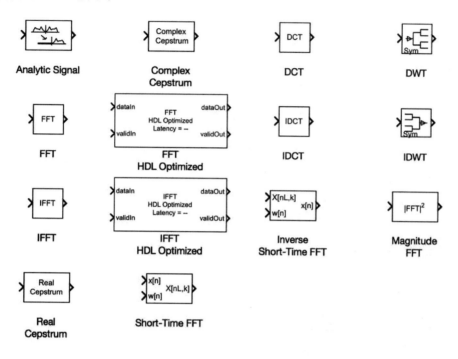

图 8-8 信号变换模块组

下面介绍其中几个主要的模块:
- DCT 对输入信号进行离散余弦变换;
- IDCT 对输入信号进行离散余弦逆变换;
- FFT 对输入信号进行快速傅里叶变换;
- IFFT 对输入信号进行快速傅里叶逆变换。

## 8.1.8 统计模块组

统计模块组(Statistics)部分的模块主要用于数据测量与统计,其内容如图 8-9 所示。
下面介绍其中几个主要的模块:
- Median Filter 实现中值滤波算法;
- Autocorrelation 计算一个 $N$ 维数组的自相关;
- Correlation 计算两个 $N$ 维数组的互相关;
- Maximum 找出输入(序列)的最大值;
- Mean 找出输入的平均值;
- Median 找出输入的中间值;
- Minimum 找出输入(序列)的最小值;

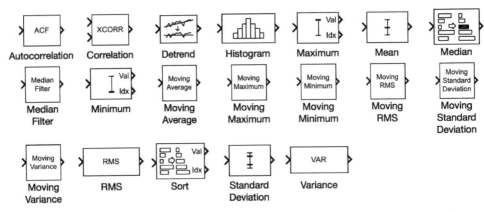

图 8-9 统计模块组

- RMS 计算输入(序列)的均方根;
- Sort 根据输入元素值的大小进行排序;
- Histogram 生成输入(序列)的直方图。

## 8.1.9 信宿模块组

信宿模块组(Sinks)部分的模块主要用于显示处理结果,其内容如图 8-10 所示。

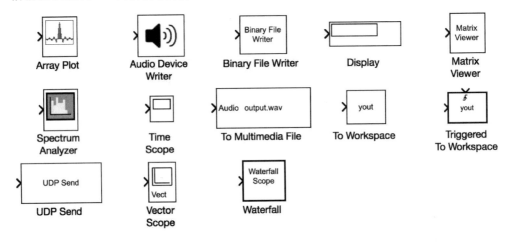

图 8-10 信宿模块组

下面介绍其中几个主要的模块:
- Audio Device Writer 将输出信号用声卡播放;
- Spectrum Analyzer 用于显示时域信号的频谱;
- Time Scope 用于显示时域信号;
- To Workspace 将数据写入 MATLAB 的工作空间;
- Vector Scope 用于显示时域、频域或其他用户定义数据向量(矩阵)。

## 8.2 模型的建立

可使用 DSP 系统工具箱 Simulink Model Template 创建模型。新建一个空白模型并打开库浏览器的步骤如下：

① 在 MATLAB 的 HOME 栏上，单击 Simulink 图标，如图 8-11 所示。

图 8-11　Simulink 启动方式

② 单击 DSP System Toolbox 后，可看到有 DSP System、Basic Filter、Mixed-Signal System 三种模板可供选择，如图 8-12 所示。

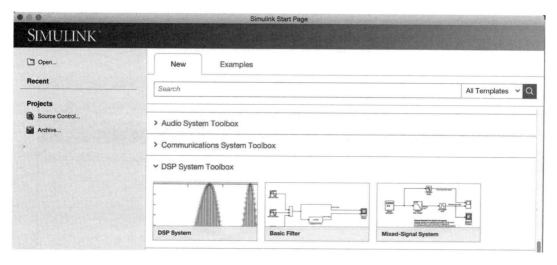

图 8-12　Simulink 模板选择

③ 根据建模需要，选择不同的模板即可。单击 DSP System，可创建一个满足 DSP System Toolbox 仿真参数设置的空白模型，如图 8-13 所示。

单击 Basic Filter，可创建一个满足 DSP System Toolbox 仿真参数设置的基本滤波模型，如图 8-14 所示。该模型能够实现一个低通滤波器并可对滤波后信号与原始信号进行比较。可以此模型为起点，在 Simulink 中使用 DSP System Toolbox 模拟更多的滤波算法。

单击 Mixed-Signal System，可创建一个满足 DSP System Toolbox 仿真以及混合信号系统仿真参数设置的基本模/数转换器模型。该模型能够实现一个低通滤波器并可对滤波后信号与原始信号进行比较。可以此模型为起点，在 Simulink 中使用 DSP System Toolbox 模拟更多的混合信号系统。在该模型中，所有的离散时间信号均用红色标记，表明其采用最快的采样率；连续时间信号用黑色表示。

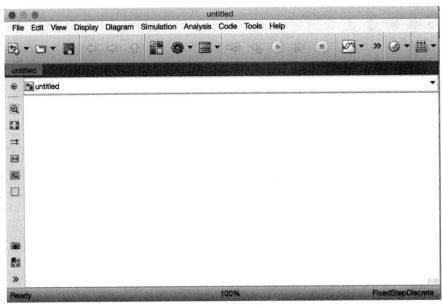

图 8-13　创建一个 Simulink 空白模板

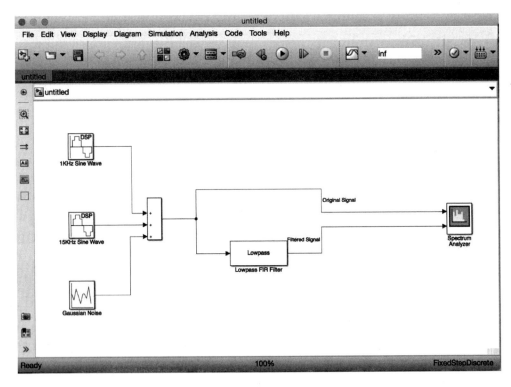

图 8-14　基本滤波模型文件

## 8.3 信号的滤波

信号滤波的实现过程可分为滤波器规格选择、滤波器设计和滤波器实现三个步骤,具体如图 8-15 所示。

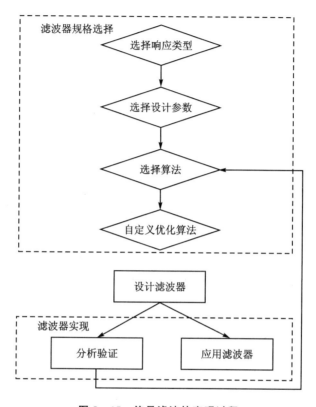

图 8-15 信号滤波的实现过程

### 8.3.1 使用 fdesign 设计滤波器

使用 Fdesign 工具,仅需以下两步即可完成一个简单的滤波器设计。
① 创建一个滤波器声明对象;
② 设计滤波器。

下面举例说明设计过程。假定要设计一个采样频率为 48 kHz 的带通滤波器,其主要参数设计举例如表 8-1 所列。带通滤波器主要参数示意图如图 8-16 所示。

表 8-1 带通滤波器主要参数设计举例

| A_stop1 | F_stop1 | F_pass1 | F_pass2 | F_stop2 | A_stop2 | A_pass |
|---|---|---|---|---|---|---|
| 60 | 8 400 | 10 800 | 15 600 | 18 000 | 60 | 1 |

上述参数声明的 MATLAB 语句为

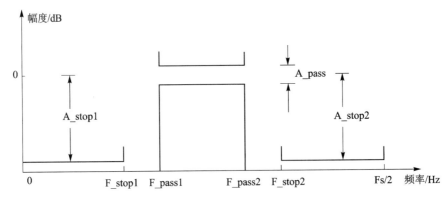

图 8-16 带通滤波器主要参数示意图

```
A_stop1 = 60;         % Attenuation in the first stopband = 60 dB
F_stop1 = 8400;       % Edge of the stopband = 8400 Hz
F_pass1 = 10800;      % Edge of the passband = 10800 Hz
F_pass2 = 15600;      % Closing edge of the passband = 15600 Hz
F_stop2 = 18000;      % Edge of the second stopband = 18000 Hz
A_stop2 = 60;         % Attenuation in the second stopband = 60 dB
A_pass = 1;           % Amount of ripple allowed in the passband = 1 dB
```

第①步,首先创建一个滤波器声明对象。

```
>> d = fdesign.bandpass
```

接下来,依次将滤波器参数赋给滤波器声明对象中的对应变量,格式如下:

```
>> BandPassSpecObj = ...
    fdesign.bandpass('Fst1,Fp1,Fp2,Fst2,Ast1,Ap,Ast2',...
    F_stop1, F_pass1, F_pass2, F_stop2, A_stop1, A_pass, ...
    A_stop2, 48000)
```

若要改变声明参数的值,则可使用如下代码:

```
>> set(BandPassSpecObj, 'Fpass2', 15800, 'Fstop2', 18400)    % 改变 Fpass2 的值为 15800,
                                                             % Fstop2 的值为 18400
```

也可通过访问结构数组中元素的方式改变参数的值:

```
>> BandPassSpecObj.Fpass2 = 15800;
```

第②步,使用 design 命令设计滤波器。
使用如下命令查询可以使用的设计方法:

```
>> designmethods(BandPassSpecObj)
```

得到如下结果:

```
Design Methods for class
fdesign.bandpass (Fst1,Fp1,Fp2,Fst2,Ast1,Ap,Ast2):
butter
```

```
cheby1
cheby2
ellip
equiripple
kaiserwin
```

假设选择'equiripple',则执行如下命令:

```
>> BandPassFilt = design(BandPassSpecObj,'equiripple')
```

所设计的滤波器结构如下:

```
BandPassFilt =
    FilterStructure: 'Direct - Form FIR'
         Arithmetic: 'double'
          Numerator: [1x44 double]
   PersistentMemory: false
```

要检验一下设计结果,可使用 fvtool 滤波器可视化显示工具绘制滤波器的幅频响应曲线,如图 8-17 所示。

```
>> fvtool(BandPassFilt) % plot the filter magnitude response
```

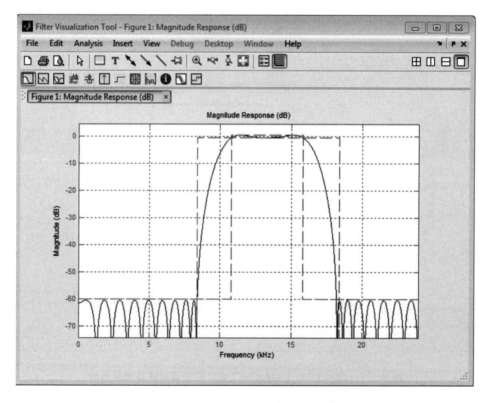

图 8-17 使用 Fdesign 工具设计的带通滤波器幅频响应曲线

## 8.3.2 使用 Filter Builder 设计滤波器

Filter Builder 采用 GUI 对话框的形式实现滤波器的设计。下面使用 Filter Builder 设计 8.3.1 小节中的带通滤波器。

使用 Filter Builder GUI 设计滤波器的步骤如下：

① 在 MATLAB 命令提示符后输入如下命令：

```
>> filterBuilder
```

② 从对话框选择滤波器响应类型为 Bandpass，然后单击"确定"按钮。

③ 输入所需的 F_pass2 和 F_stop2 值，然后单击"确定"按钮。此时，在 MATLAB 命令提示符后将会出现如下信息：

```
The variable 'Hbp' has been exported to the command window...
```

④ 要检验一下设计结果，使用 fvtool 滤波器可视化显示工具绘制滤波器的幅频响应曲线，如图 8-18 所示，以验证所设计滤波器是否达到要求：

```
fvtool(Hbp) % plot the filter magnitude response
```

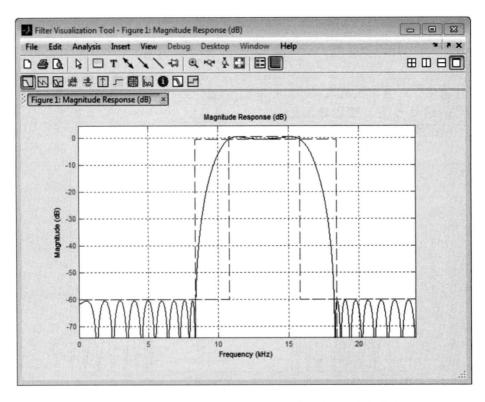

图 8-18 使用 Filter Builder GUI 设计的带通滤波器幅频曲线

## 8.3.3 设计一个低通滤波器

可以使用滤波器设计模块完成低通、高通、带通滤波器的设计。这类模块能够完成各种结构滤波器的系数计算,从而实现设计。本小节中,将用数字滤波器模块设计一个能够将白噪声转换成低频噪声的滤波器。这样的滤波器可用于消除环境噪音。

① 信号源的模拟。

原始信号：正弦信号(模块名为 sine wave)。

噪声：白噪声(模块名为 Random Source)。

搭建模型(exam8_3.mdl)如图 8-19 所示。

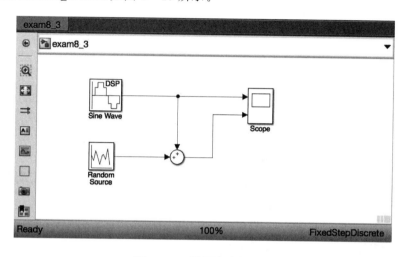

图 8-19 低通滤波器设计

② 打开 DSP System toolbox 模型库,选择 Filtering→Filter Implementations→Digital Filter Design 模块,将其拖动到 exam8_3.mdl 中。

③ 设置 Digital Filter Design 模块参数如下：

- Response Type＝Lowpass；
- Design Method＝FIR and, from the list, choose Window；
- Filter Order＝Specify order and enter 31；
- Scale Passband — Cleared；
- Window＝Hamming；
- Units＝Normalized (0 to 1)；
- wc＝0.5。

通过上述参数设置,可实现一个系数为 32、截止频率为 0.5 的低通滤波器。

④ 单击对话框下方 Design Filter 按钮,可查看滤波器的幅度响应,如图 8-20 所示。

⑤ 添加所设计的滤波器到模型文件中,如图 8-21 所示。

⑥ 运行模型文件并在示波器窗口中观察原始信号和加了低频噪声的信号,如图 8-22 所示。

现在已经搭建了一个数字滤波器并且使用该滤波器来模拟混入信号中的彩色噪声(colored noise),这一模型可用于模拟麦克风采集到的声音中混入的低频噪声。接下来可以继续试验,以便找到合适的方式消除噪声。

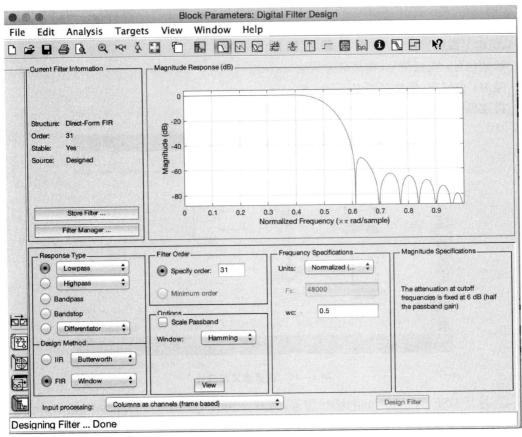

图 8-20 低通滤波器的幅频响应

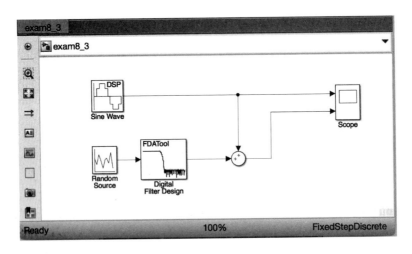

图 8-21 添加滤波器后的模型

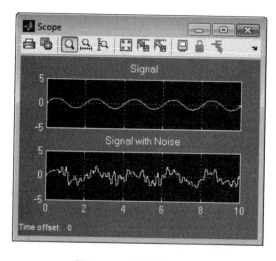

图 8-22 输入信号波型

## 8.3.4 设计一个自适应滤波器

一个自适应滤波器可以跟踪系统的动态特性,从而去除时变信号。DSP System Toolbox 中提供可实现最小均方算法(LMS)、块 LMS、快速块 LMS、迭代最小方差(RLS)的自适应滤波器。这些滤波器主要通过调整滤波器系数,可达到使输出数据与期望信号的差最小这一目标。从而使输出信号尽可能地接近想要恢复的信号。下面在 exam8_3.mdl 的基础上,增加一个 LMS 自适应滤波器,以消除低频噪声信号。

① 将 exam8_3.mdl 另存为 exam8_4.mdl。

② 打开 DSP System Toolbox 模型库,进入 Filtering 子库,双击 Adaptive Filtering 库,选择 LMS Filter 模块并加入到 exam8_4.mdl 模型中,如图 8-23 所示。

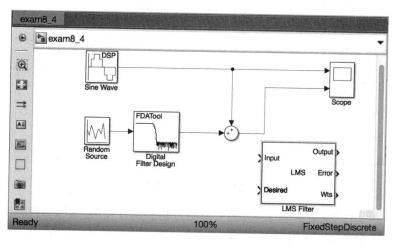

图 8-23 exam8_4 模型

③ 设置 LMS Filter 模块参数如下:
- Algorithm=Normalized LMS;

- Filter length=32;
- Specify step size via=Dialog;
- Step size (mu)=0.1;
- Leakage factor (0 to 1)=1.0;
- Initial value of filter weights=0;
- Clear the Adapt port check box;
- Reset port=None;
- Select the Output filter weights check box。

LMS Filter 参数对话框应如图 8-24 所示。

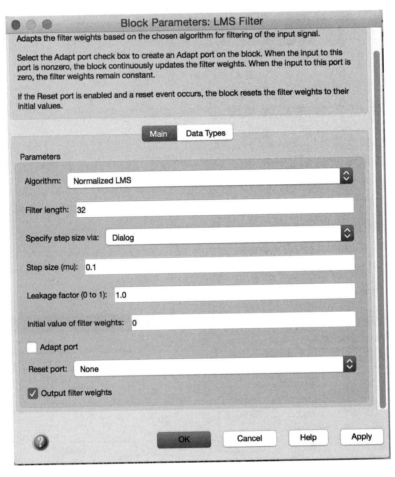

图 8-24  LMS Filter 参数设置

④ 单击 Apply 按钮,滤波器设计完成。现在可以将设计好的 LMS 滤波器加入到 exam8_4.mdl 模型中,添加完成的模型如图 8-25 所示。

由模型图结构可以看到,第二个求和模块的正输入项是原始输入信号和低频噪声的和,即 $s(n)+y$。第二个求和模块的负输入项是 LMS 滤波器模块对低频噪声信号的最佳估计,即 $y'$。这两项相减得到的值近似等于原始输入信号,即

$$s(n) \approx s(n)+y-y'$$

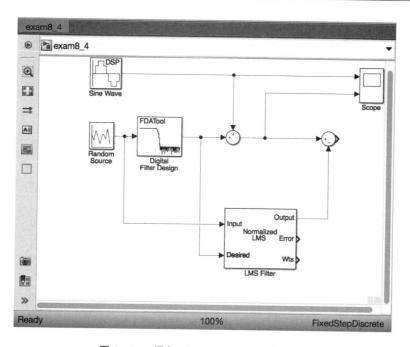

图 8-25 添加 LMS Filter 后的仿真模型

由于 LMS 滤波器仅能得到噪声的估计,因此输入信号的近似解与原始输入信号之间仍有差距。这里可通过示波器观察两者的差。

**注意**:要给示波器模块额外增加两个输入端口,需要双击示波器模块,单击 Configuration Properties 按钮,将 Number of axes 这个参数设置为 4 即可,如图 8-26 所示。

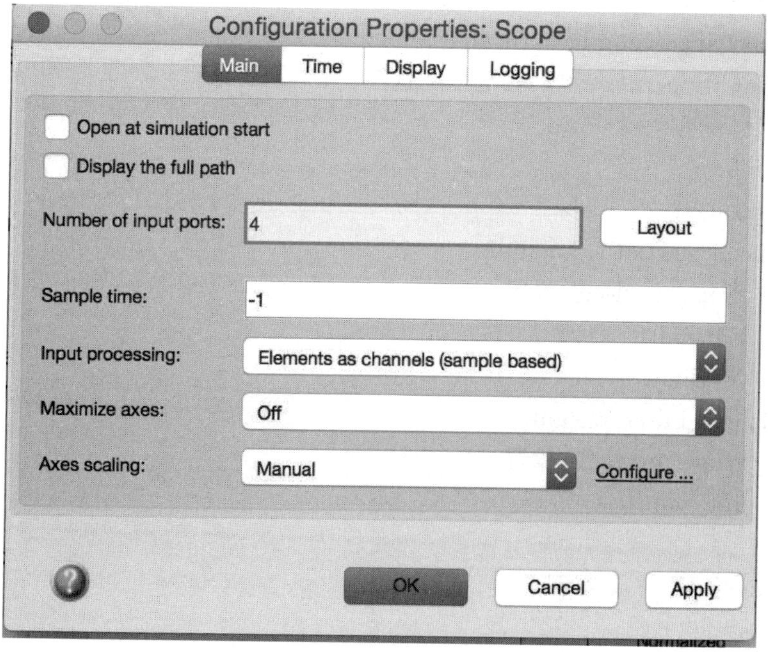

图 8-26 示波器参数设置

最后完成的模型框图如图 8-27 所示。

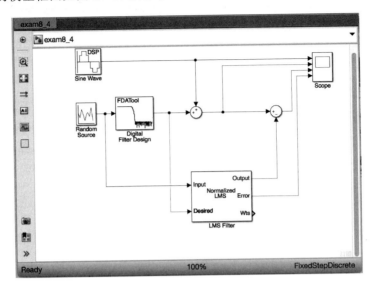

图 8-27 最终仿真模型

⑤ 设计完成后,还可进一步查看所设计自适应滤波器的系数。将 exam8_4.mdl 另存为 exam8_5.mdl,从 DSP System Toolbox 的信宿(sinks)库中选择 vector scope 模块添加到 exam8_5.mdl 模型中。

⑥ 双击打开 vector scope 模块对话框,设置参数如下:

单击 Scope Properties 标签,设置:

Input domain=Time;

Time display span (number of frames)=1;

单击 Display Properties 标签,勾选以下选项:

Show grid;

Frame number;

Compact display;

Open scope at start of simulation。

单击 Axis Properties 标签,设置:

Minimum Y-limit=-0.2

Maximum Y-limit=0.6

Y-axis label=Filter Weights

单击 Line Properties 标签,设置:

Line visibilities=on

Line style=:

Line markers=.

Line colors=[0 0 1]

设置完毕,单击 OK 按钮确定。

⑦ 将 LMS 滤波器的 Wts 端口与 vector scope 模块相连,此时模型结构如图 8-28 所示。

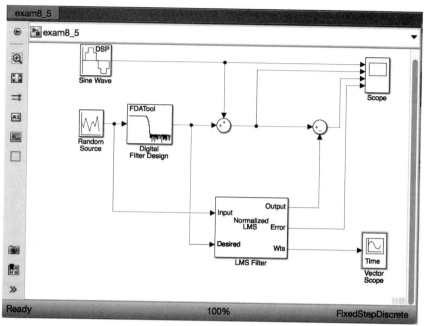

图 8-28　exam8_5 模型

⑧ 设置仿真参数。从菜单选择 Model Configuration Parameters，打开配置参数对话框，并切换到 Solver 选项，设置参数如图 8-29 所示。

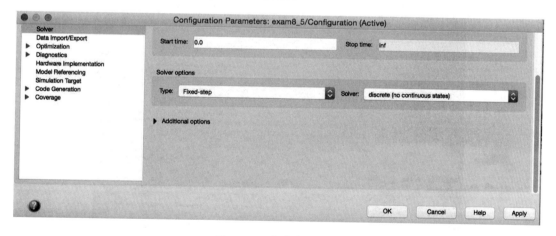

图 8-29　仿真参数设置

⑨ 单击 OK 按钮完成仿真参数设置。

⑩ 打开 scope 窗口。

⑪ 运行模型并在 Vector Scope 窗口中观察所设计滤波器的变化情况。经过一段时间的运行，可以看到滤波器系数发生改变以及逐渐趋于稳定的过程，如图 8-30 所示。

同时，可在 Scope 窗口中观察整个系统的特性。从图 8-31 中可以看出，随着仿真的进行，误差基本趋为零，近似恢复信号与原始信号非常接近。

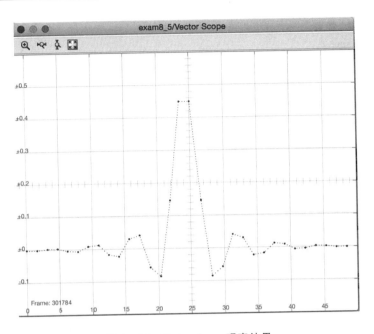

图 8-30　Vector Scope 观察结果

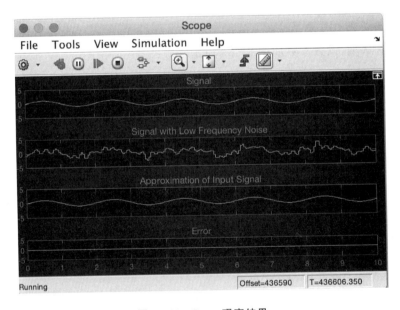

图 8-31　Scope 观察结果

# 第 9 章

## 综合篇

本章将提供通信系统原理仿真、语音信号处理、计算机视觉等几类设计项目,供读者在学习前续章节的基础上,对仿真技术加以综合运用实践,完成一个完整的设计项目。

## 9.1 模拟信号的数字化过程设计项目

**1. 项目目的**

通过实现一个完整的模拟信号数字化传输过程仿真,理解 PCM 编码、调制、解调,传输原理,并能够分析误码对信号传输的影响。

**2. 原理分析**

基带信号的采样定理是指,对于一个频谱宽度为 $B(Hz)$ 的基带信号,可唯一地被均匀间隔不大于 $1/(2B)$ 秒的样值序列所确定。采样定理表明,如果以不小于 $1/(2B)$ 次/秒的速率对基带模拟信号均匀采样,那么所得到样值序列就包含了基带信号的全部信息,这时对该序列可以无失真地重建对应的基带模拟信号。例如,电话话音信号的最高频率为 3 400 Hz,为了保证无失真采样,对其进行采样的最低速率必须大于或等于 6 800 次/秒,考虑到实际低通滤波器的非理想特性,数字电话通信系统中规定采样率为 8 000 次/秒。

为了保证在足够大的动态范围内数字电话话音具有足够高的信噪比,提出了非均匀量化:在小信号时采用较小的量化间距,而在大信号时用大的量化间距。在数学上,非均匀量化等价于对输入信号进行动态范围压缩后再进行均匀量化。小信号通过压缩器时增益大,大信号通过压缩器时增益小。这样就使小信号在均匀量化之前得到较大的放大,等价于以较小间距直接对小信号进行量化,而以较大间距对大信号进行量化。在接收端要进行相应的逆变换,即扩张处理,以补偿压缩过程引起的信号非线性失真。中国和欧洲的 PCM 数字电话系统采用 A 律压扩方式,即

$$\frac{Ax}{1+\ln A}$$

$$y = \frac{\text{sgn}(x)(1+\ln A \mid x \mid)}{1+\ln A}$$

式中,压缩系数 $A=87.6$。

A 律压缩扩张曲线可用折线来近似,16 段折线点是:

$\boldsymbol{x} = [-1, -1/2, -1/4, -1/8, -1/16, -1/32, -1/64, -1/128, 0, 1/128,$
$\quad 1/64, 1/32, 1/16, 1/8, 1/4, 1/2, 1]$

$\boldsymbol{y} = [-1, -7/8, -6/8, -5/8, -4/8, -3/8, -2/8, -1/8, 0, 1/8, 2/8,$
$\quad 3/8, 4/8, 5/8, 6/8, 7/8, 1]$

其中靠近原点的 4 根折线斜率相等,可视为一段,因此总折线数为 13 段,称为 13 段折线近似。用 Simulink 中的 Look-Up Table 查表模块可以实现对 13 折线近似的压缩扩张计算的建模,压缩模块的输入向量设置为

$$[-1,-1/2,-1/4,-1/8,-1/16,-1/32,-1/64,-1/128,0,1/128,$$
$$1/64,1/32,1/16,1/8,1/4,1/2,1]$$

输出量向量设置为$[-1:1/8:1]$。

扩张模块的设置与压缩模块的设置相反。

PCM 是脉冲编码调制的简称,是现代数字电话系统的标准语音编码方式。A 律 PCM 数字电话系统中规定:传输语音的信号频段为 300~3 400 Hz,采样率为 8 000 次/s,对样值进行 13 折线压缩后编码为 8 位二进制序列。因此,PCM 编码输出的数码速率为 64 kbps。

PCM 编码的二进制序列中,每个样值用 8 位二进制码表示,其中最高比特位表示样值的正负极性,规定负值用 0 表示,正值用 1 表示。接下来的 3 位比特表示样值的绝对值所在的 8 段折线的段落号,最后 4 位是样值处于段落内 16 个均匀间隔上的间隔序号。在数学上,PCM 编码较低的 7 位相当于对样值的绝对值进行 13 折线近似压缩后的 7 位均匀量化编码输出。

**3. 应完成的任务**

(1) 任务一:PCM 编码

设计一个 13 折线近似的 PCM 编码器模型,使它能够对取舍在$[-1,1]$内归一化信号样值进行编码。

测试模型和仿真结果如图 9-1 所示。其中信号源用一个常数表示。以 Saturation 作为限幅器,Relay 模块的门限设置为 0,其输出即可作为 PCM 编码输出的最高位,即确定极性码。样值取绝对值后,以 Look-Up Table(查表)模块进行 13 折线压缩,并用增益模块将样值范围放大到 0~127,然后用间距为 1 的 Quantizer 模块进行四舍五入取整量化,并用 Integer to Bit Converter 将整数转换成长度为 8 个比特的二进制数据,最后用 Display 模块显示编码结果。将 PCM 编码器封装成一个子系统。

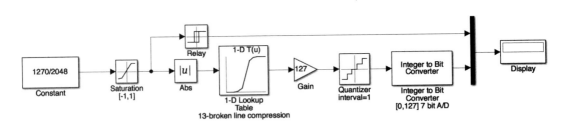

图 9-1 折线 A 律编码器

(2) 任务二:PCM 解码

PCM 解码器模型如图 9-2 所示。PCM 解码器中首先分离并行数据中的最高位(极性码)和 7 位数据,然后将 7 位数据转换为整数值,再进行归一化、扩张后与双极性的极性码相乘得出解码值。将该模型中的 PCM 解码部分封装成一个子系统。

(3) 任务三:PCM 串行传输模型

在以上两个任务基础上,建立 PCM 串行传输模型,并在传输信道中加入指定错误概率的

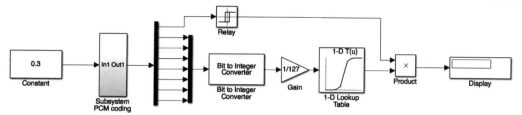

图 9-2　13 折线 A 律解码器

随机误码。

仿真模型如图 9-3 所示,其中 PCM 编码和解码子系统内部结构参见图 9-1 和图 9-2。PCM 编码输出经过并串转换后得到二进制码流送入二进制对称信道。在解码端信道输出的码流经过串并转换后送入 PCM 编码,之后输出解码结果并显示波形。模型中尚未对 PCM 解码结果做低通滤波处理。

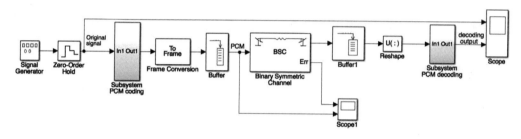

图 9-3　PCM 串行传输模型

仿真采样率必须是仿真模型中最高信号速率的整数倍,这里模型中信道传输速率最高为 64 bps,故仿真步进设置为 1/64 000 s。信道错误比特率设为 0.01,以观察信道误码对 PCM 传输的影响。信号源可以采用如 200 Hz 的正弦波。解码输出存在延迟。对应于信道产生误码的位置,解码输出波形中出现了干扰脉冲,干扰脉冲的大小取决于信道中错误比特位于一个 PCM 编码字串中的位置,位于最高位时将导致解码值极性错误,这时干扰最大,而位于最低位的误码引起的误码最轻微。

通过改变 Binary Symmetric Channel 中的 Error Probability 的大小,观察原信号和解码后的输出。

（4）任务四：修改任务三的 PCM 编解码模型,测试指定误码率条件下 PCM 解码语音信号的音质

使用 Simulink 中 DSP 模块库的音频输入模块可以对真实音频信号进行处理,参考测试模型如图 9-4 所示。仿真时间 20 s,步进时间 1/64 000 s。设置 BSC 信道的误码率后启动仿真,可以听到在指定误码率下传输的 PCM 解码语音信号,Gain 模块用于调整输入声音信号的幅度。原声音信号可预先录制,格式为 *.wav。注意：音频文件的格式以及主要参数(采样速率、量化比特数、单/双声道)将会影响测试模型的参数设置。请在完成前三个任务的基础上根据实际需要进行仿真模型的相应调整。

（5）任务五：通过编程方法,连续改变 BSC 信道的误码率,观察在不同误码率情况下的声音信号

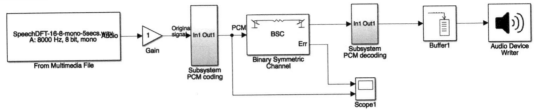

图 9-4  音频信号 PCM 编解码模型

**参考资料**

[1] 樊昌信. 通信原理. 7 版. 北京:国防工业出版社,2012.
[2] Communications System Toolbox – MATLAB & Simulink. [Online]. Available: https://cn.mathworks.com/products/communications.html. [Accessed:01-Apr-2017].

## 9.2  电话按键拨号器的仿真设计项目

### 1. 项目目的

通过实现对电话按键音的编码和解码,理解利用正弦信号产生电话信号音的过程,以及使用 FIR 滤波器提取不同频率信息的方法。

### 2. 原理分析

电话按键拨号器通过产生双音多频(DTMF)信号完成拨号过程。在编码时将击键或数字信息转换成双音信号并发送,解码时在收到的 DTMF 信号中检测击键或数字信息的存在性。本项目实现电话按键拨号器的仿真原理如图 9-5 所示。有关 DTMF 的设计原理可参阅本书后的参考文献。

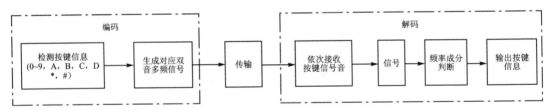

图 9-5  电话按键拨号器仿真原理图

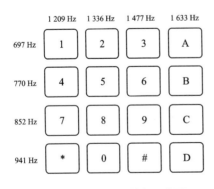

图 9-6  双音多频键盘示意图

一个 DTMF 信号由两个频率的音频信号叠加构成,每一对这样的音频信号唯一表示一个数字或符号,具体组合方式如图 9-6 所示。根据 CCITT 的建议,国际上采用的多种频率为 697 Hz、770 Hz、852 Hz、941 Hz、1 209 Hz、1 336 Hz、1 477 Hz 和 1 633 Hz 共 8 种。用这 8 种频率可形成 16 种不同的组合,从而能够代表 16 种不同的数字或功能键(10 个数字键 0~9 和 6 个功能键 *、#、A、B、C、D)。例如,按下数字键 5,将发送一个 1 336 Hz 的高频和 770 Hz 的低频正弦信号组合。

**3. 应完成的任务**

(1) 任务一：DTMF 拨号程序实现

编写一个函数文件，命名为 dtmfdial.m，实现按键拨号功能，该程序应能实现：

- 输入为由 1～12 以内的数字组成的一个号码序列，其中 1～9 对应键盘数字 1～9，10 对应数字 0，11 对应 * 键，12 对应 # 键；
- 输出相应号码的拨号音序列，采样频率为 8 kHz，每个拨号音持续 0.5 s，拨号音之间有 0.1 s 停顿。

DTMF 电话拨号程序(dtmfdial.m)如下：

```
function tones = dtmfdial(nums)
% DTMFDIAL Create a vector of tones which will dial
% a DTMF (Touch Tone) telephone system.
%
% usage: tones = dtmfdial(nums)
% nums = vector of numbers ranging from 1 to 12
% tones = vector containing the corresponding tones.
%
if (nargin < 1)
    error('DTMFDIAL requires one input');
end
fs = 8000; % - - This MUST be 8000, sodtmfdeco( ) will work.
```

(2) 任务二：DTMF 解码程序实现

DTMF 解码系统由一组带通滤波器和一个检测器两部分组成：带通滤波器用于分离各频率成分；检测器用于测量所有带通滤波器输出信号的大小，从而判断在每个时间段中存在哪两个频率分量。检测器应该对每一个带通滤波器的输出"评分"，以确定哪两个频率最有可能包含在这个 DTMF 音中，这个评分过程是系统设计的关键。在实际的系统中，还需要考虑噪声和干扰的存在，这里仅考虑无噪声干扰环境的仿真。

滤波器设计如下：

若要实现图 9-7 中所示的带通滤波功能，可考虑选用冲激响应满足下式的滤波器：

$$h[n] = \frac{2}{L}\cos\left(\frac{2\pi f_b n}{f_s}\right), \quad 0 \leq n < L$$

其中，$L$ 代表滤波器长度，$f_s$ 代表采样频率，$f_b$ 表示带通滤波器的中心频率。例如，如果想分离出 697 Hz 信号，则 $f_b$ 的值应设置为 697。带通滤波器的带宽由 $L$ 决定，$L$ 值越大，带宽越窄。

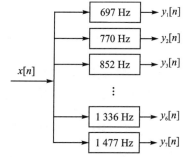

图 9-7 带通滤波器组示意图

① 任务 2.1：完成以下滤波器设计实验

(a) 设计一个能够滤出 770 Hz 频率成分信号的带通滤波器 h770，$L=64$，$f_s=8\,000$ Hz，并用 stem() 函数绘出滤波器系数图；

(b) 设计一个能够滤出 1 336 Hz 频率成分信号的带通滤波器 h1336，$L=64$，$f_s=8\,000$ Hz，并用 stem() 函数绘出滤波器系数图；

(c) 用以下代码绘出 h770 的幅频响应图。

```
fs = 8000;
ww = 0:(pi/256):pi;   % - - only need positive freqs
ff = ww/(2 * pi) * fs;
H = freqz(h770,1,ww);
plot(ff,abs(H)); grid on;
```

(d) 使用 hold 命令和 stem() 函数在(c)中绘制的幅频响应图上标识以下 DTMF 频率成分(697、770、852、941、1 209、1 336、1 477 Hz)。

② 任务 2.2：完成 DTMF 检测器评分程序 dtmfscor.m

```
functions s = dtmfscor(xx, freq, L, fs)
% DTMFSCOR
% ss = dtmfscor(xx, freq, L, [fs])
% returns 1 (TRUE) if freq is present in xx
% 0 (FALSE) if freq is not present in xx.
% xx = input DTMF signal
% freq = test frequency
% L = length of FIR bandpass filter
% fs = sampling freq (DEFAULT is 8000)
%
% The signal detection is done by filtering xx with a length-L
% BPF, hh, squaring the output, and comparing with an arbitrary
% set point based on the average power of xx.
%
if (nargin < 4), fs = 8000; end;
hh = %<= = = = = = = define the bandpass filter coeffs here
ss = (mean(conv(xx,hh).^2) > mean(xx.^2)/5);
```

提示：此处，xx 表示一个键被按下时所输入的信号音。

③ 任务 2.3：编写 DTMF 解码程序 dtmfdeco.m

```
function key = dtmfdeco(xx,fs)
% DTMFDECO key = dtmfdeco(xx,[fs])
% returns the key number corresponding to the DTMF waveform, xx.
% fs = sampling freq (DEFAULT = 8000 Hz if not specified.
%
if (nargin < 3), fs = 8000; end;
tone_pairs = ...
[ 697 697 697 770 770 770 852 852 852 941 941 941;
 1209 1336 1477 1209 1336 1477 1209 1336 1477 1336 1209 1477 ];
```

提示：dtmfdeco 函数将调用 dtmfscor 以确定哪一个键被按下。

(3) 任务三：设计 GUI 功能界面并调用任务 2.1～2.3 所编写的 3 个 M 文件以实现完整的电话按键拨号器仿真。

### 参考资料

[1] Dual-tone multi-frequency signaling. https://en.wikipedia.org/wiki/Dual-tone_multi-frequency_signaling.

[2] Schenker L. Pushbutton Calling with a Two-Group Voice-Frequency Code(PDF). The Bell System Technical Journal, 39(1): 235-255.

[3] ITU-T Recommendation Q.23 - Technical features of push-button telephone sets. [Online]. Available: https://www.itu.int/rec/T-REC-Q.23-198811-I/en. [Accessed: 22-Apr-2017].

## 9.3 语音识别系统设计项目

### 1. 项目目的

当前语音识别系统在许多领域得到应用例如办公考勤、安防安检、金融安全以及智能家居等。本项目旨在通过实现一个简易的语音识别系统，理解声音信号时频域分析原理，掌握数字信号特征提取、特征匹配等算法的实现过程。

### 2. 原理分析

语音识别属于模式识别范畴，它可分为语音鉴别和语音验证两种情况。在运用生物特征进行身份验证技术领域，语音识别也称为声纹识别。其中声纹鉴别是检测给定的语音，获取说话人语音特征信息，并在指定的声纹模型库中进行检索，识别并返回与之匹配的身份信息。声纹验证则是从说话人的语音中提取特征信息，并与指定的声纹模型进行匹配，判断是否是同一个人。声纹识别原理如图 9-8 所示。

### 3. 应完成的任务

本项目的目标是建立一个简易的自动说话人识别系统。测试语音数据可在本书源程序包中下载。语音数据中有 8 位说话人，编号从 S1 到 S8。所有说话人录制同样内容的语音（数字"0"）。为了简化设计过程，已提供两个函数文件 melfb 和 disteu、两个主函数 train 和 test，均可在本书源程序包中下载。

(1) 任务一：设计 GUI 用户界面

(2) 任务二：编写 mfcc 函数，供主函数调用

mfcc 函数模板如下：

```
function c = mfcc(s, fs)
% MFCC Calculate themel frequencey cepstrum coefficients (MFCC) of a signal
%
% Inputs:
%       s    : speech signal
%       fs   : sample rate in Hz
%
```

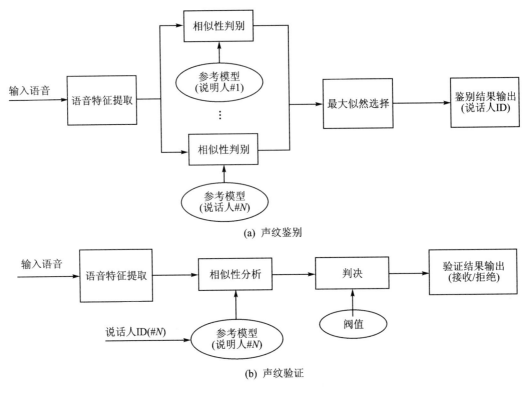

图 9-8 声纹识别原理图

```
% Outputs:
%       c : MFCC output, each column contains the MFCC's for one speech frame
```

**注意**：mel 频率系数的定义是 mel 谱取对数后做 DCT 变换的结果。此外，通常会将零阶谱系数舍弃。因此 mfcc 程序最后一部分应该编写如下：

```
% All previous steps...
% Obtain the mel-spectrum in the variable: ms

% Last step, compute mel-frequency cepstrum coefficients
c = dct(log(ms));
c(1,:) = [];      % exclude 0'th order cepstral coefficient
```

（3）任务三：使用 TRAN 文件夹中的声音文件，训练声音模型

（4）任务四：编写 vqlbg 函数，供主函数调用

矢量量化函数模板如下：

```
function c = vqlbg(d, k)
% VQLBG Vector quantization using the Linde-Buzo-Gray algorithm
%
% Inputs:
%       d contains training data vectors (one per column)
%       k is number of centroids required
```

```
%  Outputs:
%       c contains the result VQ codebook (k columns, one for each centroids)
```

最近邻域搜索步骤如下：

Step1　已知当前码书 c，给 d 中每个训练矢量指定一个最近的码本。这可通过计算 d 中每个矢量与码本中矢量距离实现。可调用本书提供函数 disteu 进行计算：

```
z = disteu(d, c);
```

z(i, j) 表示训练矢量 d(:, i) 与码本矢量 c(:, j)的距离。

Step2　对每一个训练矢量，找到距离最近的码本。这可使用 MATLAB 函数 min 实现：

```
[m, ind] = min(z, [], 2);
```

Step3　搜索出训练矢量中与码本 c(:, j)距离最近的，可以使用如下方法实现：

```
d(:, find(ind = = j));
```

找质心：

确定某个特定聚类中所有矢量的质心可使用 MATLAB 函数 mean。例如，在进行上述最近邻域搜索后，可使用如下语句更新聚类 j 的新质心：

```
c(:, j) = mean(d(:, find(ind = = j)), 2);
```

(5) 任务五：测试能否正确识别出 TEST 文件夹中的说话人

**参考资料**

[1] Minh N. Do. Digital Signal Processing Mini-Project: An Automatic Speaker Recognition System. [Online]. Available: http://www.ifp.illinois.edu/~minhdo/teaching/speaker_recognition/. [Accessed: 23-Apr-2017].

[2] Signal Processing Toolbox - MATLAB. [Online]. Available: https://cn.mathworks.com/products/signal.html. [Accessed: 23-Apr-2017].

# 9.4　自动人脸识别系统设计项目

## 1. 项目目的

基于 MATLAB 机器视觉工具箱开发一个简易的人脸检测与识别系统。该系统应能够实现视频中人脸的检测与识别、摄像头实时获取数据中人脸的检测与识别。通过实现一个简易的实时人脸识别系统，理解应用计算机视觉算法实现机器智能的工作流程，掌握经典计算机视觉算法的实现过程。

## 2. 原理分析

一个完整的人脸识别流程框图如图 9-9 所示。数据处理包括对图像的预处理和特征提取。预处理技术包括各种对图像进行处理的技术，其目的和意义就是改善图像质量，减轻或消除图像退化现象，降低图像中的噪声，这样有利于机器进行分析处理。特征提取就是从人脸图像中提取一组能反映个体特性的数字或元素。判别分类则是通过建立一定的准则或机制来进行分类,并利用所建立的准则和机制来完成识别工作。人脸识别系统作为整个系统中最为核心的部分,决定着整个系统的成败。该模块有两个问题需要解决:人脸检测和人脸识别。

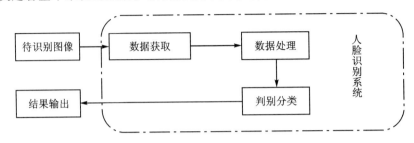

图 9-9 人脸识别基本流程框图

人脸检测的这部分可使用 MATLAB 的计算机视觉工具箱来实现。从 MATLAB 2012b 开始,MATLAB 推出了计算机视觉工具箱(Computer Vision System Toolbox),计算机视觉是近几年计算机科学研究的热点,MATLAB 的这个工具箱提供了人脸识别的功能函数,可以实现人脸、上身、鼻子等部位的识别,功能强大。在 Mathworks 官方网站的 file exchange 社区可下载学习计算机视觉工具箱的 应用实例。(https://cn.mathworks.com/matlabcentral/fileexchange/)

人脸识别的算法选择是人脸识别当中的关键。经过这么多年来的发展,取得了很大的发展,涌现出了大量的识别算法。这些算法的涉及面非常广泛,包括图像处理、模式识别、统计学习、人工智能、神经网络、计算机视觉、子空间理论、流形学习和小波分析等众多方式。比较常用的方法有 Eigenfaces 特征脸算法、直方图算法等。

### 3. 应完成的任务

(1) 任务一:设计 GUI 用户界面

(2) 任务二:检测出视频中的人脸

(3) 任务三:检测并识别出经摄像头实时获取图像中的人脸

(4) 任务四:测试该系统在单人脸下的识别准确率

(5) 任务五:测试该系统在多人脸、目标粘连、遮挡等情况下的识别准确率

可用于人脸识别的方法、工具选择非常多,因此这里仅给出本任务的基本工作流程,具体实施步骤读者可借鉴参考资料自行设计、实现。

### 参考资料

[1] Face Detection and Tracking Using CAMShift - MATLAB & Simulink Example-MathWorks 中国. [Online]. Available: https://cn.mathworks.com/help/vision/examples/face-detection-and-tracking-using-camshift.html. [Accessed: 01-Apr-2017].

[2] Computer Vision System Toolbox - MATLAB & Simulink. [Online]. Available: https://cn.mathworks.com/products/computer-vision.html. [Accessed: 01-Apr-2017].

# 参考文献

[1] 周渊深. MATLAB基础及其应用教程[M]. 北京：电子工业出版社，2014.
[2] 肖汉光，邹雪，宋涛. MATLAB大学教程[M]. 北京：电子工业出版社，2016.
[3] 陈怀琛，吴大正，高西全. MATLAB及在电子信息课程中的应用[M]. 3版. 北京：电子工业出版社，2006.
[4] 周开利，邓春晖. MATLAB基础及其应用教程[M]. 北京：北京大学出版社，2007.
[5] 李献，骆志伟. 精通MATLAB/Simulink系统仿真[M]. 北京：清华大学出版社，2015.
[6] 张德丰. MATLAB/Simulink建模与仿真[M]. 北京：电子工业出版社，2009.
[7] 张志涌. 精通MATLAB 6.5版[M]. 北京：北京航空航天大学出版社，2003.
[8] 朱衡君，肖燕彩，邱成. MATLAB语言及实践教程[M]. 北京：清华大学出版社，2005.
[9] 钟麟，王峰. MATLAB仿真技术与应用教程[M]. 北京：国防工业出版社，2004.
[10] 蒋珉. MATLAB程序设计及应用[M]. 北京：北京邮电大学出版社，2010.
[11] 韦岗，季飞，傅娟. 通信系统建模与仿真[M]. 北京：电子工业出版社，2007.
[12] 梁虹，梁洁，陈跃斌. 信号与系统分析及MATLAB实现[M]. 北京：电子工业出版社，2002.
[13] 高西全，丁玉美. 数字信号处理[M]. 3版. 西安：西安电子科技大学出版社，2008.
[14] 徐飞，施晓红，等. MATLAB应用图像处理[M]. 西安：西安电子科技大学出版社，2002.
[15] 章毓晋. 图像工程[M]. 北京：清华大学出版社，2007.
[16] 郑阿奇. MATLAB实用教程[M]. 北京：电子工业出版社，2004.
[17] 张威. MATLAB基础与编程入门[M]. 西安：西安电子科技大学出版社，2004.
[18] Proakis J G. 现代通信系统（MATLAB版）[M]. 2版. 刘树棠，译. 北京：电子工业出版社，2005.
[19] McClellan J H. DSP First：A Multimedia Approach[M]. 北京：科学出版社，2003.